황영기넘물료 포토 활국어 지영·지원

# 천연기념물로 보는
# 한국의 지형·지질

푸른길

머리말

　우리나라는 국토 면적이 비교적 좁은 편이지만 약 25억 년이라는 오랜 지질 시대를 거치며 여러 차례의 지각변동으로 전국 각지에 다양한 지형과 지질구조가 발달하였다. 산지나 해안의 퇴적암층에 발달한 물결 모양의 습곡 구조, 암석층 곳곳에 숨겨진 삼엽충과 공룡 등의 여러 화석, 깎아지른 듯한 해식절벽과 해식동, 지하에 발달한 수많은 석회동굴과 용암동굴, 거대한 화강암 덩어리로 가득한 돌산들, 구절양장처럼 오지 산간 협곡을 흐르는 하천과 폭포 등 모두 경관이 아름다울 뿐만 아니라 그 속에 뛰어난 자연사적 가치를 담고 있다.

　자연이 빚어낸 이러한 수많은 경관 가운데 역사적, 문화적, 과학적 가치를 지녔거나 학술적 가치가 큰 대상을 「문화재보호법」에 따라 천연기념물로 지정하고 있다. 우리나라는 2024년 8월 현재 암석, 화석, 천연동굴 등 지형과 지질 관련 108개를 천연기념물로 지정하여 보호하고 있다.

　우리는 다양한 지질 시대의 퇴적층에서 발견되는 고생물의 뼈와 발자국 등의 화석을 통해 당시 생명체가 살았던 지구환경을 이해할 수 있다. 지질학에서는 "현재는 과거를 이해하는 열쇠The present is the key to the past"라고 말한다. 화석의 예에서와 같이 오늘날 한반도 땅덩어리 가운데 지형과 지질 관련 천연기념물은 어떤 과정을 거쳐 형성되었으며, 그 안에 담긴 자연사적 가치가 무엇인지를 올바르게 이해한다면 그만큼 우리의 자연 경관을 보다 과학적인 시각과 안목으로 이해하고 통찰할 수 있을 것이다.

　과거 우리의 여행은 지역 축제, 먹거리, 볼거리 등을 찾는 명소탐방 중심

여행이 다수였으나 최근에는 구석구석 특이한 지형경관과 지질구조가 발달한 곳을 찾는 자연테마 답사여행을 즐기는 여행객들이 부쩍 늘어났다. 이 책은 여행지를 찾는 대중들이 쉽게 이해할 수 있도록 전문 학술 용어의 사용을 최대한 줄이고, 내용 이해에 도움이 될 만한 사진과 보충 자료를 적절히 배치하였으며, 중고생들의 체험학습과 관심 있는 독자들의 도보 여행에 활용할 수 있도록 지역별 지형·지질 관련 천연기념물 분포표를 부록으로 제시하였다.

한반도 우리 땅의 참가치를 올바르게 이해하는 것은 개인적으로는 지적 수준을 높여 삶을 풍족하게 만드는 것이기도 하지만, 우리 땅을 사랑하고 소중히 여기는 출발점이기도 하다. 여러 가지로 부족함이 많지만 이 한 권의 책이 우리나라의 여러 천연기념물 명소를 찾아 나서는 사람들에게 길잡이 역할을 할 수 있기를 기대한다.

2025. 1.

대표저자 김기룡

차 례

Neogen
Plaisancia
Pannonia
Missinia
Tortonian
Helvetian
Burdigali
Aquitania

Paleogen
Chattien
Stampian
Sannoisia
Priabonia
Lutetien
Ypresian
Sparmaci
Thanetian
Montien
Danian

Cretaceous
Maestrich
Campania
Santonian
Coniacian
Turonian
Ceonoma
Albian
Aptian
Barremia
Hauterivi
Valangini
Berriasia

Jurassic
Tithonic
Kimmerd
Oxfordian
Calloviar
Bathonia
Bajocian
Aalenian
Toarcian
Pliensbach
Sinimuriar
Hettangia

Trias
Rhaetian
Norian
Carnian
Ladinian
Anisian
Werfenian

Permian
Thuringian
Saxinian
Autunian

Carbonifer
Stephanian
Westphalie
Namurian
Visean
Tournaisia

Devonian
Famennian
Frasnian
Givetian
Gouvinian
Emsian
Siegenian
Gedinnian

Silurian
Downtonia
Ludlowian
Wenlockia
Llandoveri

Ordovician
Ashgillian
Garadocia
Llandeilia
Llanvirnia
Skiddavia
Tremadoc

Cambrian
Postadami
Acadian
Georgian

brian
Brioverian
Pentevriar

## 2. 천연기념물 지정 암석광물

## 3. 천연기념물 지정 지형·지질

| | |
|---|---|
| Neogen | Plaisancia |
| | Pannonia |
| | Missinian |
| | Tortonian |
| | Helvetian |
| | Burdigali |
| | Aquitania |
| Paleogen | Chattien |
| | Stampian |
| | Sannoisia |
| | Priabonia |
| | Lutetian |
| | Ypresian |
| | Sparmaci |
| | Thanetian |
| | Montien |
| | Danian |
| Cretaceous | Maestrich |
| | Campania |
| | Santonian |
| | Coniacian |
| | Turonian |
| | Ceonoma |
| | Albian |
| | Aptian |
| | Barremia |
| | Hauterivi |
| | Valangini |
| | Berriasian |
| Jurassic | Tithonic |
| | Kimmerd |
| | Oxfordian |
| | Callovian |
| | Bathonian |
| | Bajocian |
| | Aalenian |
| | Toarcian |
| | Pliensbach |
| | Sinimurian |
| | Hettangia |
| Trias | Rhaetian |
| | Norian |
| | Carnian |
| | Ladinian |
| | Anisian |
| | Werfenian |
| Permian | Thuringian |
| | Saxinian |
| | Aurunian |
| Carbonifer | Stephanian |
| | Westphalie |
| | Namurian |
| | Visean |
| | Tournaisian |
| Devonian | Famennian |
| | Frasnian |
| | Givetian |
| | Gouvinian |
| | Emsian |
| | Siegenian |
| | Gedinnian |
| Silurian | Downtonia |
| | Ludlowian |
| | Wenlockia |
| | Llandoveri |
| Ordovician | Ashgillian |
| | Garadocian |
| | Llandeilian |
| | Llanvirnan |
| | Skiddavian |
| | Tremadoc |
| Cambrian | Postadamia |
| | Acadian |
| | Georgian |
| brian | Brioverian |
| | Pentevrian |

# 4. 천연기념물 지정 천연동굴

# 5. 천연기념물 지정 천연보호구역

## 6. 천연기념물 지정 추천 명소

# 1.
# 천연기념물 지정 화석산지

고생대 약 4억 2000만 년 전 삼엽충 화석(강원도 태백 장성 직운산)

지질시대를 살았던 동식물의 유해나 흔적이 퇴적물과 함께 암석화된 것을 화석이라고 한다. 화석은 고생물이 살던 당시의 기후 및 지형 등의 자연환경과 생명체의 생활상 그리고 수륙분포 및 지질시대를 구별하는 지층의 대비를 연구할 수 있다는 점에서 학문적 의의가 크다.

우리나라에서는 약 10억 년 전에 살았던 한반도 최초의 생명체인 시아노박테리아가 화석화된 스트로마톨라이트를 비롯하여 고생대 삼엽충, 중생대 공룡 그리고 신생대 동식물과 사람의 발자국 등 지질시대별 다양한 화석이 발견되고 있다.

제146호

# 칠곡 금무봉 나무고사리 화석산지

**분류:** 자연유산/천연기념물/지구과학기념물/고생물  **시대명:** 중생대 백악기
**지정일:** 1962-12-07  **소재지:** 경상북도 칠곡군  **면적:** 1,579,586㎡

나무고사리 화석(출처: 국가유산청)

경상북도 칠곡군 왜관읍 중부에 위치한 금무봉(268.1m)과 그 주변 일대에는 약 1억 3000만 년 전에 번성했던 고사리와 비슷한 잎을 가진 식물의 화석이 산출되는 곳이 있다. 이곳의 나무고사리 화석은 1925년 일본 지질학자 다테이와 이와오에 의해 처음으로 발견되었는데, 나무고사리는 지금의 고사리와 다른 식물이다.

나무고사리는 중생대 쥐라기 말엽에서 백악기 초엽에 번성했던 양치식물로 잎은 비늘이 있는 고사리와 같으나, 줄기와 가지가 있으며 키가 10m 이상 자라는 것으로 알려졌다. 현재 나무고사리는 멸종한 것이 아니라 일본, 대만

칠곡 식물화석 산지
(출처: 국가유산청)

및 동남아시아, 호주, 뉴질랜드 지역에 아직도 생존하고 있는데, 금무봉 나무고사리 화석과는 형태가 상당히 다르다.

　나무고사리 줄기화석이 발견되는 금무산 전 지역은 경상누층군의 하부층군인 신동층군의 낙동층으로, 대체로 검은색 셰일과 이암, 암회색의 사암 및 역질 사암으로 구성되어 있다. 이곳에서는 나무고사리 줄기화석 이외에도 은행, 송백류 및 그 밖의 나뭇잎의 화석 등이 함께 발견되고 있다.

　나무고사리 줄기화석을 줄기에 직각인 방향으로 잘라서 얇은 판을 만들어 현미경으로 관찰하면 고사리류와 종자식물의 줄기에서 볼 수 있는 관다발과 말발굽 모양으로 구불구불한 무늬를 볼 수 있으며, 줄기와 평행한 방향으로 잘라 살펴보면 식물의 세포와 그 밖의 구조를 발견할 수 있다.

　한편 천연기념물로 지정된 지역은 일제강점기 화석이 발견된 이래 지표에 노출된 상태가 양호하여 모두 도굴되었다. 그러나 다행스럽게도 최근 칠곡군에서 실시한 학술조사에서 나무고사리 화석 총 134점이 발견되었으며, 일대에 화석이 널리 분포함이 확인되었다.

　칠곡 금무봉 나무고사리 화석산지는 중생대 식물의 진화와 분포 등 생물학적 자료로서의 가치가 커, 1962년에 화석산지로는 국내 최초 천연기념물 제146호로 지정, 보호하고 있다.

제195호

# 제주 서귀포층 패류 화석산지

**분류**: 자연유산/천연기념물/지구과학기념물/고생물  **시대명**: 신생대 제3기  **지정일**: 1968-05-29
**소재지**: 제주특별자치도 서귀포시  **면적**: 74,335㎡

제주도 형성사 연구의 단초, 서귀포층 노두

　　제주도 서귀포시 앞바다 새섬으로 들어가는 제방 초입 오른쪽 해안절벽의
지층에는 조개와 산호를 비롯한 생물화석과 다양한 퇴적구조가 포함되어 있
다. 이 퇴적암층을 서귀포층이라고 하는데, 해안을 따라 30~50m의 높이로
약 1km에 걸쳐 지상에 노출되어 있다.

　　서귀포층은 제주도가 형성되기 시작할 무렵인 약 200만 년 전부터 약 40
만 년 전 사이 얕은 바닷속에서 수성화산 폭발로 생긴 화산체가 오랜 시간 파
랑과 해풍에 깎이고, 바다에서 조개와 산호 껍데기 등의 해양 퇴적물과 함께

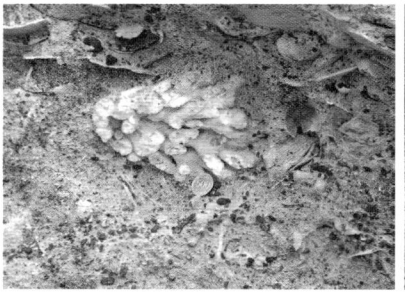

서귀포층의 산호와 조개껍질 화석                                    서귀포층 패류 화석산지

쌓이기를 반복하면서 생성된 퇴적암층이다. 지층은 주로 화산재와 화산쇄설
물이 쌓인 사질성응회암이 주를 이루고 있다. 절벽에서 떨어진 해안의 암석
표면에는 가리비·백합 등의 조개류와 달팽이·우렁이와 같은 복족류, 성게·
해삼 같은 극피동물, 산호, 고래와 물고기 뼈, 상어 이빨 등 다양한 생물화석
이 발견되고 있다. 이로 보아 서귀포층이 쌓일 당시의 바다가 지금보다 따뜻
했음을 알 수 있다. 또한 사층리와 연흔 등의 퇴적구조가 산출되는 것으로 보
아 얕은 바다환경에서 퇴적되었음을 알 수 있다.

　서귀포층의 하부층에서는 화석을 포함하는 층과 포함하지 않은 층이 교대
로 나타나는 것으로 보아, 바다와 육지 환경을 여러 차례 반복했음을 알 수
있다. 또한 곳에 따라 해발고도 약 100m 부근에서도 화석이 발견되는 것으
로 보아 해수면의 변동과 함께 지반이 지속적으로 융기했음을 알 수 있다.

　서귀포층은 제주도 화산층의 맨 하단부를 차지하고 있어 제주도의 형성
초기 화산 활동의 흔적과 과거의 해양환경을 알려주는 중요한 정보를 제공
한다. 제주도의 지표에서 가장 오래된 화산암은 용머리, 당산봉, 군산 등지에
서 발견되는 응회암으로 약 70만 년 전에 형성된 것이다. 따라서 이보다 앞
서 형성된 서귀포층은 서귀포가 위치한 제주도 남서부 지역이 제주도의 다
른 지역보다 앞서 형성되었음을 말해 주는 증거이다. 2010년 세계지질공원
으로, 이후 2012년 국가지질공원으로 지정되었다.

제222호

# 함안 용산리 백악기 새발자국 화석산지

**분류:** 자연유산/천연기념물/지구과학기념물/고생물 **시대명:** 중생대 백악기 **지정일:** 1970-04-27
**소재지:** 경상남도 함안군 **면적:** 96,813㎡

함안 용산리 새발자국 화석산지(출처: 국가유산청)

경상남도 함안군 칠원면 용산리 산중턱에서 1969년 마산여자고등학교 지구과학교사 허찬구에 의해 우리나라에서 최초로 중생대 새발자국이 발견되었다. 이후 서울대학교 김봉균 교수의 연구·조사를 통해 이곳에서 발견된 새발자국의 주인공인 새는 '함안한국새Koreanaornis hamanensis'라고 명명되었다.

이곳의 새발자국 화석은 백악기의 하양층군의 함안층 상부에 속한 지층

함안 용산리 백악기 새발자국 화석
(출처: 국가유산청)

에서 발견되는데, 하양층은 회색 이암, 녹회색 셰일, 사질 셰일, 적색 셰일 및 실트암으로 구성되어 있다. 이곳 화석은 함안한국새발자국뿐만 아니라, 진동새발자국, 초식공룡의 발자국 화석 등도 일부 발견되었으나 함안한국새발자국이 대부분을 차지하고 있다.

함안층에서는 새와 공룡발자국 화석과 더불어 연흔, 건열, 빗방울자국 등의 퇴적구조가 발견되는 것으로 보아, 우기와 건기가 반복되는 사바나와 유사한 기후의 하천이나 호수 주변환경에서 퇴적된 것으로 추정하고 있다. 이곳의 새발자국 화석은 세계에서 두 번째로 발견, 연구되었고 새발자국 화석의 계통적 연구가 미국·한국·캐나다·아르헨티나 4개국에서 행해졌을 정도로 희귀하다.

제373호

# 의성 제오리 공룡발자국 화석산지

**분류**: 자연유산/천연기념물/지구과학기념물/고생물  **시대명**: 중생대 백악기  **지정일**: 1993-06-01
**소재지**: 경상북도 의성군  **면적**: 1,656㎡

의성 제오리 공룡발자국 화석산지(출처: 국가유산청)

　의성 제오리 공룡발자국 화석산지는 1989년 경상북도 의성군 금성면 제오리의 111-3번지 주변의 지방 도로를 확장하던 중 발견된 공룡발자국 화석산지이다. 판상으로 발달한 세립의 사암층과 이를 피복하고 있는 얇은 이암층, 엽층으로 교호하는 실트암과 셰일질 이암 등 경상누층군 하양층군의 사곡층에서 산출되었다.

　사곡층은 약 1억 1000만 년 전 건기와 우기가 반복되는 기후환경에서 강

의성 제오리 용각류 발자국(출처: 국가유산청)

공룡 발자국의 종류

가의 범람원에서 퇴적된 것으로, 총 4개 층에서 300여 개의 용각류와 조각
류 및 수각류 발자국이 산출되고 있다. 그 가운데 용각류 발자국이 가장 우세
하다. 용각류 발자국은 12개 이상의 보행열이 관찰되고, 조각류 보행열은 10
개, 수각류 보행열은 1개 정도가 보존되어 있다.

의성 제오리 공룡발자국 화석산지는 국내 공룡 화석산지로서는 처음으로
천연기념물로 지정된 곳이다. 1,656m²의 좁은 범위 안에 다양한 종류의 공
룡 발자국 300여 개가 산출되는 등 자연사적 가치가 크다.

제390호

# 진주 유수리 백악기 하성퇴적층

**분류:** 자연유산/천연기념물/지구과학기념물/고생물 **시대명:** 중생대 백악기 **지정일:** 1997-12-30
**소재지:** 경상남도 진주시 **면적:** 287,058㎡

진주 유수리 백악기 하성퇴적층

경상남도 진주시 내동면 유수리 진주 남강의 지류인 가화천 바닥에서는 중생대 백악기 공룡의 화석이 다량 산출되고 있다. 화석이 산출되는 지층은 약 1억 년 전 생성된 경상누층군의 하산동층이다. 이 지층에서는 공룡의 지골, 발가락, 좌골 등 100여 점에 달하는 공룡뼈 화석을 비롯하여, 습주조개, 물고기, 거북의 등딱지 화석과 과거 생물의 생활 흔적을 간직하고 있는 생흔화석, 나무그루터기 화석 등 다양한 화석들이 발견되었다.

진주 유수리 백악기 하성퇴적층에서 발견된 공룡뼈 화석과 골격구조(출처: 국가유산청)

공룡 화석은 두께 약 40~50cm의 적자색 이질 사암과 사질 사암으로 구성된 하부층과 약 8m 상부에 있는 두께 약 120m의 이질암과 석회질단괴를 함유한 역질 및 세립사암층에서 산출된다. 하부층에서는 공룡뼈 화석의 산출 빈도는 낮으나, 개체의 크기가 크고 대부분 중심부가 다공질 골조직을 간직한 지골이다. 뼈 화석 조각들의 외곽에는 방해석이 둘러싸고 있어 외견상 석회질단괴처럼 보인다.

상부층에서는 두개골 화석을 포함하여 약 200m²의 면적에 총 100여 점이 발견되어 하부층에 비해 높은 산출 빈도를 보이지만, 대부분 5cm 이하의 파편으로 보존되어 있다. 진주 유수리 백악기 하성퇴적층은 우리나라에서 가장 많은 공룡 뼈 화석이 발견된 곳으로, 공룡의 서식환경과 화석화 과정을 연구하는 데 귀중한 자료를 제공한다.

제394호

# 해남 우항리
# 공룡·익룡·새발자국 화석산지

**분류:** 자연유산/천연기념물/지구과학기념물/고생물 **시대명:** 중생대 백악기 **지정일:** 1998-10-17
**소재지:** 전라남도 해남군 **면적:** 1,230,530㎡

해남 우항리 화석산지

전라남도 해남군 해남읍에서 서쪽으로 약 20km 떨어진 황산면 우항리해안에는 책을 쌓아 놓은 듯한 모양의 퇴적암 노두가 나타난다. 중생대 백악기 퇴적암층으로 이곳에서는 공룡과 익룡의 발자국, 알, 뼈 등의 화석이 다량 발견되었다. 본래 이곳 일대는 바다에 잠겨 있었으나 1996년 목포와 해남군 화원면을 잇는 영암방조제의 건설로 해수면이 낮아지자 육상에 모습을 드러냈다.

　중생대 백악기 8500~8300만 년 전 당시 이곳 일대는 거대한 호수의 가장 자리였다. 호수로 흘러든 진흙과 화산재가 교대로 쌓여 흑색의 셰일과 누런 색의 응회질 사암층이 반복되는, 두께 약 400m의 퇴적층(우항리층)이 형성되 었다. 이 퇴적암 층층마다 공룡화석이 발견되는 것으로 보아 호수를 무대로 약 1000만 년 이상 오랜 기간에 걸쳐 공룡들이 서식했음을 알 수 있다. 지름 50cm가 넘는 두 줄로 늘어선 4족 보행의 발자국 화석은 초식공룡인 대형 용 각류의 것으로 방금 지나간 듯 선명하다. 화석 원본의 침식과 풍화를 막기 위 해 외관 공사를 하여 실내에 보존하고 있다.

　우항리층에서는 약 500여 점의 다양한 공룡과 익룡의 발자국과 뼈 화석 을 비롯하여 1,000여 점의 새발자국 화석 등도 함께 발견되었다. 이로 보아 중생대 백악기 당시 이곳 일대에 공룡과 익룡 그리고 새 등이 함께 공존했음 을 알 수 있는데, 이러한 사례는 세계적으로 유일하다. 아울러 익룡발자국은

셰일과 응회질 사암이 교호하는 해남 우항리층

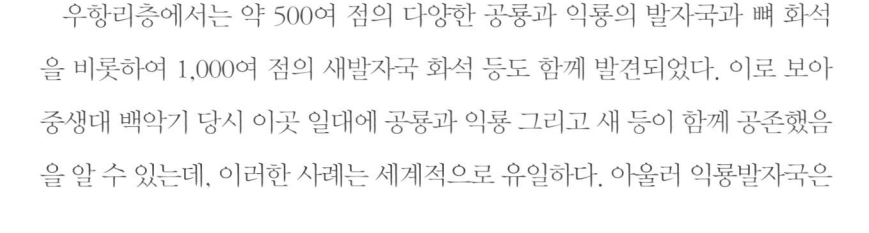

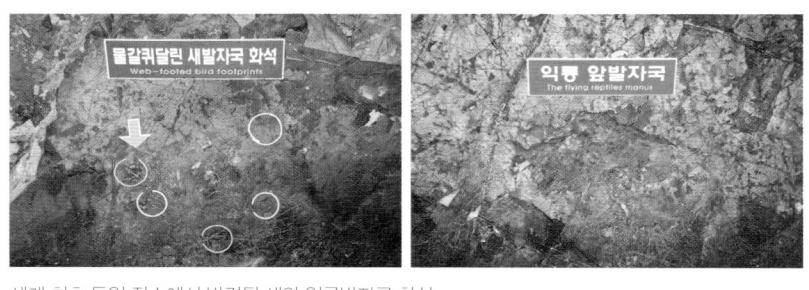

세계 최초 동일 장소에서 발견된 새와 익룡발자국 화석

호숫가에서 죽은 공룡의 살은 다른 동물에게 먹히거나 썩는다.

뼈가 호수의 진흙에 묻힌다.

뼈 위로 침전물이 쌓인다.

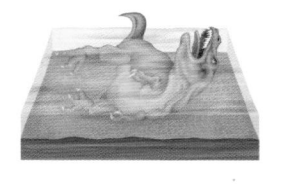 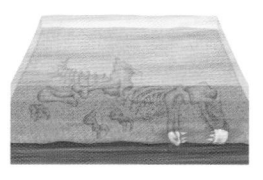 

침식 작용으로 공룡의 뼈 위의 암석이 사라진다.

화석이 된 뼈가 드러난다.

공룡 화석 형성 과정

아시아에서, 물갈퀴새발자국은 세계에서 가장 오래된 것으로 알려졌다. 단일 면적에 이렇게 다양한 공룡 화석들이 밀집한 우항리 화석산지는 중생대 공룡 연구와 당시 퇴적환경 연구에 중요한 자료로서 학술적 가치가 인정되었다.

제395호

# 진주 가진리 새발자국과 공룡발자국 화석산지

**분류:** 자연유산/천연기념물/지구과학기념물/고생물 **시대명:** 중생대 백악기 **지정일:** 1998-12-23
**소재지:** 경상남도 진주시 **면적:** 610m

진주 가진리 새발자국과 공룡발자국 화석산지

1977년 경상남도 진주시 진성면 가진리 경남과학교육원 신축 공사 중 해발 55m 정도의 구릉지에서 세계적으로 찾아보기 힘든 1억 년 전 중생대 백악기 시대의 물떼새, 공룡, 익룡발자국 화석이 발견되었다. 특히 새발자국은 국내 최초로 발견되어 크게 주목받았다. 진주 가진리 새발자국과 공룡발자국 화석지는 갈색의 세립질 사암, 담회색 사암, 실트암, 셰일 등으로 구성된

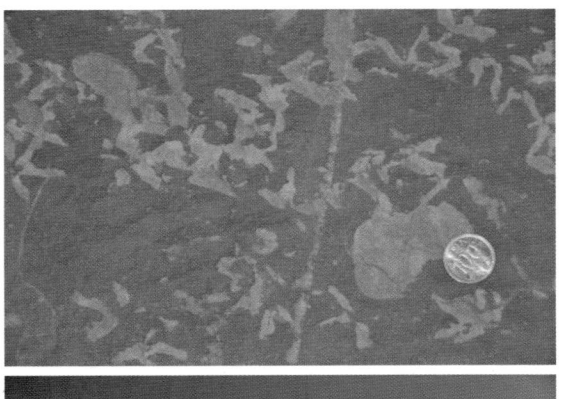

진주 가진리의 새발자국과
익룡발자국

진주 가진리의 수각류 발자국

경상누층군 함안층 하부로, 화석은 4개 층에서 발견되고 있다.

가진리 화석산지에서 새발자국 외에도 익룡발자국, 육식공룡인 수각류 발
자국, 초식공룡인 용각류와 조각류가 발견되었고, 국내에서 처음으로 용각
류 피부 화석도 산출되었다. 이후 체계적인 발굴을 통해 5개 지역에서 도요
물떼새발자국 2,500개, 공룡발자국 80개, 익룡발자국 20개, 30×40cm 크기
의 새발자국 화석 365개가 수집되었고, 물결자국과 건열과 같은 퇴적구조도
발견되었다.

진주 가진리 새발자국과 공룡발자국 화석지는 같은 장소에서 새발자국 화
석 및 공룡발자국 화석이 발견된 전 세계적으로 매우 보기 드문 사례로, 약 1
억 년 전 당시의 생태계를 잘 보여 주는 자연사 박물관과 같은 장소이다.

제411호

# 고성 덕명리 공룡발자국과 새발자국 화석산지

**분류:** 자연유산/천연기념물/지구과학기념물/고생물 **시대명:** 중생대 백악기 **지정일:** 1999-09-14
**소재지:** 경상남도 고성군 **면적:** 육지부 150,465m, 해역부 1,261,372㎡

덕명리 공룡발자국과 새발자국 화석산지

경상남도 고성군 하이면 덕명리 서쪽 끝자락에는 제전마을이 자리 잡고 있다. 이곳에서 왼쪽 해안에 있는 촛대암을 거쳐 상족암에 이르는 암반에는 중생대 백악기 한반도에 살았던 공룡과 새들의 발자국 화석이 다량 발견되고 있다.

밀물 때는 바닷물에 잠겨 있지만 썰물 때면 물기에 젖어 검게 번들거리는

초식공룡 조각류의 발자국

초식공룡 용각류의 발자국

널찍한 갯바위 곳곳에 크고 작은 물웅덩이들이 나타난다. 둥근 모양, 세 발가락 모양 등 각각 다른 형태를 띠고 있으나 나란히 이어지는 뚜렷한 보행열이 동물이 지나간 발자국임을 증명한다.

공룡발자국 화석이 발견되는 덕명리 해안의 암석은 중생대 백악기 약 1억~8500만 년 전 이곳 일대가 거대한 호수 가장자리였을 때 주로 실트 등이 쌓여 형성된 셰일로 구성된 퇴적암이다. 이 퇴적층을 진동층이라고 하는데, 그 두께가 약 150m에 이른다.

진동층에서 발견되는 발자국은 모두 13종으로 9종은 2족 보행을, 나머지 4종은 4족 보행을 한 것으로 알려졌다. 4족 보행 발자국은 덩치가 크고 동작이 둔한 초식공룡의 것이며, 2족 보행 발자국은 이에 비해 비교적 빨리 움직이는 덩치가 작은 공룡의 것으로 추정된다. 이러한 공룡발자국 화석이 곳곳에 집중적으로 분포하는 것으로 보아, 과거 중생대 백악기 당시 이곳 일대에 다양한 공룡들이 집단 서식했음을 알 수 있다.

덕명리 해안의 공룡 화석산지는 약 2,000여 개의 초식·육식공룡발자국이 발견되어 양적으로나 다양성에 있어 세계적 수준이다. 아울러 무척추동물의 흔적, 다양한 연흔과 건열 등의 퇴적구조가 매우 다양하게 나타나기 때문에 당시 공룡의 생활상과 퇴적환경을 이해하는 데 학술적 가치가 크다.

제414호

# 화성 고정리 공룡알 화석산지

**분류**: 자연유산/천연기념물/지구과학기념물/고생물 **시대명**: 중생대 백악기 **지정일**: 2000-03-21
**소재지**: 경기도 화성시 **면적**: 육지부 61,638㎡, 해역부 15,838,362㎡

화성 고정리 공룡알 화석산지

 1999년 경기도 화성시 송산면 고정리 산5에서 공룡알 화석이 대규모로 발견되었다. 이곳 일대가 중생대에 공룡들의 대규모 서식지였음을 의미한다. 본래 이곳은 바닷물이 드나들던 갯벌이었으나, 1994년 시화호 방조제 건설로 육지화되면서 모습을 드러냈다.

 공룡알 화석산지 일대는 중생대 백악기 약 8500만 년 전 퇴적된 사암이 주를 이루며, 암질이 붉은색인 것은 암석층에 함유된 철분이 산화되었기 때문

공룡알 화석의 단면

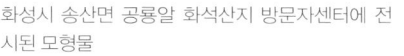

화성시 송산면 공룡알 화석산지 방문자센터에 전시된 모형물

이다. 공룡알 화석은 작은 타원형으로 지름이 10~15cm이며 12개 지점, 30여 개의 둥지에서 200여 개가 발견되었다. 화석은 여러 퇴적층에서 층층마다 발견되고 있으며, 땅속의 지층에도 많이 있을 것으로 추정된다.

공룡알은 껍데기의 단면으로 보아, 목과 꼬리가 긴 네발 용각류와 오리주둥이 공룡과 같은 조각류의 공룡알로 추정된다. 공룡알 화석의 윗부분은 대부분 깨져 있는데, 이 가운데 껍질 파편이 공룡알 속 아랫부분에 쌓여있는 것은 부화 이전에 다른 동물에 의해 먹힌 것이고, 그렇지 않은 것은 부화된 새끼가 떠난 것이다. 또한 자갈들과 함께 뒤섞인 것은 갑작스러운 홍수에 의한 퇴적물이 밀려와 둥지를 덮친 것으로 추정된다. 이렇듯 알의 화석 상태를 분석하여 당시 부화조건 및 생태환경 등을 예측할 수 있다.

한반도에서 공룡 화석은 그동안 주로 남부지역에 한정되어 발견되었으나, 1999년 화성 시화호 일대에서 대규모 공룡알 화석이 발견되면서 한반도 전역에 걸쳐 공룡이 서식했음을 증명해 주었다. 또한 공룡 화석 중 주로 발자국 화석만이 발견되었으나, 이번 알 화석의 발견은 공룡 연구에 새로운 전기를 마련했다는 점에서 학술적 가치가 크다. 화성시 송산명 공룡알 화석산지 방문자센터에는 우리나라에서 최초로 발견된 초식공룡인 코리아케라톱스를 비롯하여 중생대 공룡들의 상태를 한눈에 볼 수 있는 다양한 자료들이 마련되어 있어 둘러볼 만하다.

제416호

# 태백 장성 오르도비스기 화석산지

**분류:** 자연유산/천연기념물/지구과학기념물/고생물 **시대명:** 고생대 오르도비스기
**지정일:** 2000-04-28 **소재지:** 강원특별자치도 태백시 **면적:** 186,831㎡

태백 장성의 고생대 화석산지 근경(출처: 국가유산청)

강원도 태백시 장성동 직운산 작은 능선에는 고생대 조선누층군 상부인 직운산층이 분포한다. 직운산층의 하부는 석회질의 비중이 높고 상부로 갈수록 셰일층의 비중이 커지면서 석회암층과 셰일층이 번갈아 쌓여 있다. 셰일층에서는 4억 8000만~4억 4400만 년 전 고생대 오르도비스기 바다에 살았던 삼엽충, 완족류, 필석류, 두족류, 복족류, 개형충 등의 많은 화석이 발견된다. 이곳에서 다량의 화석이 산출되는 것은 산소의 포화도가 낮고, 환경의

화석이 산출되는 바위면(출처: 국가유산청)

변화가 적은 곳에서 퇴적되는 셰일의 특성 때문에 생물 유해 등의 보존율이 높았기 때문이다.

특히 이곳은 고생대 번성했던 해양 절지동물인 삼엽충 화석이 대량으로 산출되는 국내 삼엽충 화석의 보고로 평가받는다. 삼엽충 화석은 1~22cm 크기로 5속 15종이 분류되어 있다. 이곳을 비롯하여 영월, 삼척 등 우리나라의 강원도 남부 석회암층에서 산출되는 삼엽충은 다른 절지동물처럼 허물벗기에 의해 성장하므로 허물을 벗고 남겨진 껍질들이 화석으로 보존되는 경우가 대부분이다. 허물을 벗을 때 마디를 이루는 머리, 몸통, 꼬리가 모두 쉽게 분리되기 때문에 일명 '세쪽이'라고 부르는 삼엽충은 완전한 모양의 화석을 기대하기가 어렵다.

이곳에서 나온 삼엽충 화석을 연구한 결과, 우리나라가 5억 년 전에는 적도 부근에 있었다는 사실을 알 수 있었다. 태백 지역의 직운산층에서 산출되는 화석은 종류가 다양하고 양 또한 많아 우리나라의 전기 고생대의 환경과 지각변화 연구에 매우 중요한 단서를 제공할 만큼 학술적 가치가 크다.

제418호

# 보성 비봉리 공룡알 화석산지

**분류:** 자연유산/천연기념물/지구과학기념물/고생물 **시대명:** 중생대 백악기 **지정일:** 2000-04-28

**소재지:** 전라남도 보성군 **면적:** 161,889㎡

보성 비봉리 선소해안가에 노출된 붉은색 퇴적암층

　전라남도 보성군 득량면 비봉리 선소해안에 노출된 약 3km에 걸친 암석 층에서는 중생대 백악기 공룡알 화석이 둥지 형태로 산출되고 있다. 21개의 공룡알둥지와 200여 개의 공룡알 화석이 발견되었는데 공룡알둥지는 지름 이 50cm~1.5m이고, 공룡알 모양은 원반형에서 구형을 이루며, 화석의 평 균 크기는 8~11cm에 달한다.

　비봉리 공룡알 화석이 산출되는 지층은 충적선상지 하단부 주변으로, 역

보성 비봉리 공룡알 화석 산출 상태

보성 비봉리 공룡알 화석산지 포토존

질 사암과 이를 점이적으로 덮고 있는 사질 이암층의 교호로 구성되어 있다. 그리고 콘크리트 단괴와 방해석이 충진된 석회질 고토양으로 이루어져 있는 것으로 보아, 건기와 우기가 반복되는 아건조 기후에서 형성된 것으로 추정된다.

조사 결과, 당시의 공룡들은 충적선상지 위 비교적 완만한 경사를 가진 범람원 지역에서 산란한 것으로 확인되었고, 알을 보호하기 위해 얕게 구멍을 판 후 그 안에서 산란한 것으로 보인다. 공룡알 조사 결과, 공룡이 태어난 이후 공룡 태아의 골격구조가 발견되지 않는 것으로 보아, 공룡이 알에서 부화가 된 이후에 화석화된 것으로 추정된다.

공룡알 주변 퇴적층에서 공룡알뿐만 아니라 신종 소형 조각류 코리아노사우루스 보성엔시스Koreanosaurus boseongensis 뼈 화석과 신종 대형 도마뱀 아스프로사우루스 비봉리엔시스Asprosaurus bibongriensis, 거북 골격뼈 화석도 함께 발견되는 등 중생대 백악기 파충류의 육성 생태계를 이해하는 데 가치가 크다.

제434호

# 여수 낭도리 공룡발자국 화석산지

**분류**: 자연유산/천연기념물/지구과학기념물/고생물   **시대명**: 중생대 백악기   **지정일**: 2003-02-04
**소재지**: 전라남도 여수시   **면적**: 191,452m

여수 낭도리 공룡발자국 화석산지(출처: 국가유산청)

전라남도 여수시 화정면 낭도리에 속하는 사도, 추도, 낭도, 목도, 적금도 등 5개 섬의 백악기 퇴적층에서는 공룡발자국 총 3,546점(사도 755점, 추도 1,759점, 낭도 962점, 목도 50점, 적금도 20점)이 발견되었다.

여수항에서 남서쪽으로 약 27km 떨어진 곳의 사도는 중도, 추도 등 7개의 섬이 'ㄷ'자 모양을 이루고 있다. 물이 빠지면 추도를 제외한 모든 섬을 걸어서 건널 수 있는데, 정월 대보름이나 음력 2월에서 4월 사이에는 물이 가장 많이 빠져 추도까지의 바닷길이 열리기도 한다.

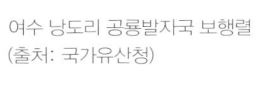

여수 낭도리 공룡발자국 보행렬
(출처: 국가유산청)

낭도리에서 발견된 공룡발자국 화석은 앞발을 들고 뒷발만으로 걷는 조각류, 육식공룡인 수각류, 목이 긴 초식공룡인 용각류 등의 발자국이다. 이 중에서 조각류 발자국이 전체의 약 80%에 달할 정도로 많고, 연속된 발자국들(보행열)이 발견되는데, 총길이는 84m에 달한다. 공룡화석 이외에도 규화목, 식물화석, 연체동물화석, 개형충, 무척추동물, 생흔 화석과 연흔, 건열 등의 퇴적구조들이 다량 발견되었다.

여수 낭도리 공룡화석지는 전남 및 경남 지역 해안에서 이미 발견된 공룡화석지를 연결하고, 일본과 중국 등을 연결하는 중생대 백악기의 범아시아 생태환경 복원이 가능한 귀중한 자료로 평가된다. 추도에서는 세계적으로 가장 긴 공룡발자국 행열이 발견되기도 하였다. 이와 같이 여수 낭도리 공룡화석지는 국내 및 범아시아 공룡의 서식환경에 대한 심도 있는 연구가 가능한 곳이다.

제464호

# 제주 사람발자국과 동물발자국 화석산지

**분류:** 자연유산/천연기념물/지구과학기념물/지질지형 **시대명:** 신생대 제4기 **지정일:** 2005-09-08
**소재지:** 제주특별자치도 서귀포시 **면적:** 해역부 124,700㎡

서귀포시 대정읍 상모리와 안덕면 사계리 사이의 해안

2003년 제주도 서귀포시 대정읍 상모리와 안덕면 사계리 사이에 있는 해안의 암반에서 아시아 최초로 사람발자국 화석과 함께 새, 곰, 사슴, 코끼리 등의 동물발자국 화석이 발견되어 지질, 고생물, 인류학계의 지대한 관심과 주목을 끌었다. 화석산지의 암반을 덮고 있던 해안의 모래들이 해류의 흐름이 바뀌면서 유실되어 화석들이 모습을 드러냈다.

길이 12~25cm 정도의 사람발자국으로, 13개 지점에서 총 500여 개가 발

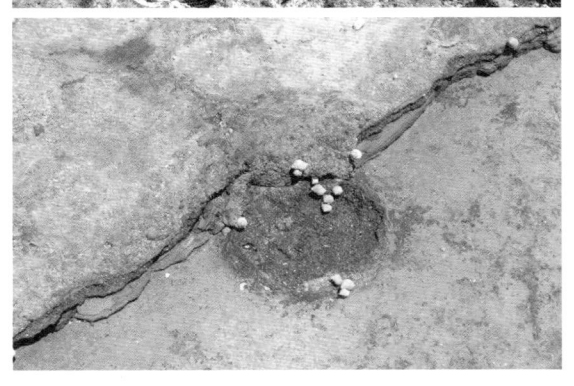

상모리해안에서 발견된 사람발
자국(상)과 코끼리발자국(하)

견되었는데, 이는 세계적으로도 보기 드문 경우이다. 또한 말과 코끼리발자
국으로 추정되는 화석도 함께 발견되었는데, 특히 코끼리 화석은 한반도에
서 최초로 발견된 것으로 한반도에서도 코끼리가 살았다는 것을 증명해 주
는 귀중한 자료이다.

　화석이 발견된 암반층은 밀물 시 물에 잠기는 조간대로 송악산의 화산분
출에 의한 화산쇄설물과 화산회가 쌓여 형성된 하모리응회암층이다. 하모리
응회암층에 퇴적된 조개와 전복 껍데기의 시료가 약 4,000년 전을 지시하므
로 사람발자국의 화석 또한 5,000~4,000년 전에 형성되었을 것으로 추정된
다. 사람발자국 및 동물발자국 화석산지는 고고학적, 고생물학적 가치가 크
며 현재 훼손을 막기 위해 일반인들의 출입을 통제하고 있다.

제474호

# 사천 아두섬 공룡 화석산지

**분류:** 자연유산/천연기념물/지구과학기념물/고생물 **시대명:** 중생대 백악기 **지정일:** 2006-12-05
**소재지:** 경상남도 사천시 **면적:** 11,500㎡

사천 아두섬 공룡 화석산지(출처: 국가유산청)

2002년 경상남도 사천시 신수동의 무인도인 아두섬의 해안 퇴적층에서는 공룡발자국과 공룡알 화석이 발견되었다. 화석은 중생대 백악기에 퇴적된 세립질 사암과 녹회색이나 암회색 셰일로 구성된 함안층에서 발견되었는데, 경사진 지층에서 다양한 모양의 공룡발자국 화석 10여 개가 선명하게 찍혀 있다.

아두섬 화석산지에서는 발자국뿐만 아니라 약간 눌린 아구형 공룡알도 발

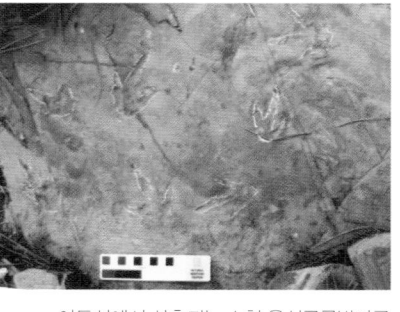

아두섬에서 관찰되는 공룡알 화석
(출처: 국가유산청)

아두섬에서 산출되는 소형 육식공룡발자국

견되었으며 크기는 약 8cm, 두께는 2mm에 달한다. 일부 공룡알은 원형을 보존하고 있으나, 대부분은 알을 덮고 있는 퇴적물의 풍화와 함께 훼손되어 형태는 사라지고 그 흔적만 남아 있다. 아두섬 전역의 암석에서는 크고 작은 공룡의 뼈 화석이 관찰되는데, 일부 파편에는 뼈 내부 조직이 관찰되기도 한다.

아두섬에서 관찰되는 공룡발자국 중에는 매우 특이한 형태의 발자국이 산출되고 있다. 이 발자국은 주변에서 관찰되는 조각류 발자국이나 우리나라 다른 지역에서 관찰되는 발자국과는 확연히 구별된다. 발자국의 형태와 보행 형태로 보아 작은 안킬로사우루스Ankylosaurus나 각룡류Ceratopsian(트리케라톱스와 같이 뿔이 있는 초식 공룡)의 발자국으로 추정된다.

아두섬 공룡 화석산지는 작은 공룡섬이라고 할 수 있을 정도로 다양한 공룡과 익룡의 발자국 화석, 공룡알 및 공룡뼈 화석 등이 발견되고 소형 육식공룡 발자국도 발견되는 등 학술적 가치가 크다. 현재 아두섬은 화석산지의 보호를 위해 공개 제한 지역으로 지정되어 있어 관리 및 학술 목적 등으로 출입하고자 할 때는 국가유산청장의 허가를 받아야 한다.

제477호

# 하동 중평리 장구섬 백악기 화석산지

**분류**: 자연유산/천연기념물/지구과학기념물/고생물  **시대명**: 중생대 백악기  **지정일**: 2007-05-07
**소재지**: 경상남도 하동군  **면적**: 28,263㎡

장구섬 전경(출처: 국가유산청)

경상남도 하동군 금남면 중평항에서 동쪽으로 약 1km 떨어진 해상에는 장구 모양을 지닌 장구섬이 위치하는데, 섬 전체가 천연기념물로 지정되어 있다. 무인도인 장구섬 해안의 퇴적층에서는 보존 상태가 양호한 다량의 중생대 백악기 유삼각조개, 습주조개 등 이매패류 화석과 함께 조각류(이구아노돈과 같이 두 다리로 걷고, 발의 모양이 새의 발과 닮은 공룡) 발자국 화석이 산출된다. 이로 보아 당시 이곳 일대는 다양한 생물이 서식하던 호수환경이었을 것

악어 두개골 화석(출처: 국가유산청)

오리주둥이 공룡 이빨(출처: 국가유산청)

으로 추정된다.

장구섬은 중생대 백악기 경상분지 일부가 퇴적과 융기를 거쳐 차별침식을 받은 후 해수면의 상승으로 침수되어 만들어진 섬으로, 적색 및 단회색 이암 및 역암으로 구성된 경상누층군의 하산동층으로 구성되어 있다. 하산동층에 서 악어의 두개골 화석, 오리주둥이 공룡의 이빨 화석, 거북의 배갑 화석, 각 종 무척추동물의 흔적 화석 등 다양한 화석이 발견되었으며, 특히 이곳에서 발견된 오리주둥이 공룡의 이빨은 우리나라 최초의 조각류 이빨 화석이다.

장구섬에서 가장 많이 산출되는 화석은 이매패류 화석으로 지층면을 따라 군집으로 산출되기 때문에 마치 조개 양식장과 같고, 이매패류 화석이 두 개 의 패각이 열려 있는 상태로 산출되는 것으로 보아 급격한 환경변화로 조개 들이 폐사한 뒤에 화석화된 것으로 추정된다. 특히 이곳에서 한국 토종 악어 로 추정되는 하동수쿠스 아세르덴티스Hadongsuchus acerdentis라고 명명된 악 어의 머리뼈 화석이 발견되었다. 이는 지금까지 국내에서 발견된 모든 육상 척추동물의 화석 중 가장 완벽한 것으로, 학술적 가치가 크다.

제487호

# 화순 서유리 공룡발자국 화석산지

**분류:** 자연유산/천연기념물/지구과학기념물/고생물  **시대명:** 중생대 백악기  **지정일:** 2007-11-09
**소재지:** 전라남도 화순군  **면적:** 33,532㎡

화순 서유리 공룡발자국 화석산지

전라남도 화순군 북면 서유리 무등산에서 북동쪽으로 뻗어 있는 산릉의 남동쪽 경사면에서는 공룡 화석이 산출되고 있다. 이곳은 1998년 전남대학교 허민 교수팀에 의해 최초로 발견된 후, 1999년부터 2001년에 걸쳐 진행된 발굴과 학술 연구로 본격적으로 알려졌다.

서유리 공룡발자국 화석산지는 중생대 백악기 약 9000만 년 전 호수환경에서 퇴적된 경상분지 유천층군에 대비되는 능주층에서 발견된다. 능주층은

용각류 발자국 화석

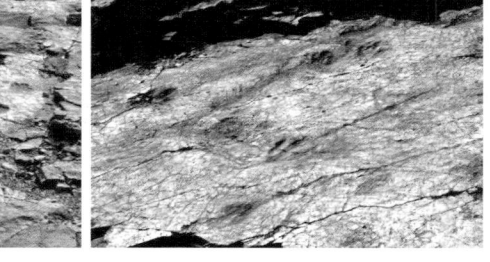
조각류 발자국 화석

화석산지의 건열구조

화석산지의 물결무늬

응회암과 용암류 등의 화산암과 역암, 사암, 이암 등의 퇴적암으로 구성되어 있으며, 공룡발자국은 주로 이암과 사암층에서 산출된다. 약 57개 육식공룡(수각류) 발자국들의 긴 보행렬(최대 52m)과 대형, 중형의 육식공룡 발자국과 용각류, 조각류 발자국이 혼재하고 있는데, 총 1,800여 점이 산출되고 있다.

공룡발자국 화석 이외에도 규화목 및 식물화석, 다양한 흔적화석과 물결자국, 건열 등과 같은 퇴적구조가 대규모로 산출되어 학술적 가치가 크다. 2014년 무등산권 국가지질공원 지질명소, 2018년 유네스코 세계지질공원 지질명소로 지정되었다.

제499호

# 남해 가인리 화석산지

**분류:** 지연유산/천연기념물/지구과학기념물/고생물 **시대명:** 중생대 백악기 **지정일:** 2008-12-29
**소재지:** 경상남도 남해군 **면적:** 12,858㎡

남해 가인리 화석산지(출처: 남해군)

1977년 경상남도 남해군 창선면 가인리 고두마을과 천포마을 사이의 작은 해안에서 공룡 화석이 처음 발견되었다. 가인리 화석산지는 조간대에 위치하고 있어 만조 때가 되면 화석산지 전체가 바닷물에 잠긴다. 공룡 화석이 산출되는 해안의 암석층은 중생대 백악기에 퇴적된 함안층으로, 실트질 미사암, 흑색 셰일, 세립질 내지 조립질 사암 셰일과 사암이 교호하고 있다.

가인리 화석산지에서는 초식공룡(용각류, 조각류) 발자국 및 육식공룡(수각

용각류의 공룡 발자국
화석(출처: 국가유산청)

미니사우리푸스 발자국 화석

류) 발자국, 익룡발자국, 새발자국 화석 등이 산출되었는데, 용각류의 발자국
은 보존 상태가 양호하며 작은 앞발자국과 큰 뒷발자국이 반복적으로 나타
난다. 앞발자국의 길이는 약 55cm이고, 뒷발자국의 길이는 약 75cm, 폭은
약 60cm로 브론토포두스 펜타닥틸루스Brontopodus pentadactylus 공룡발자국
과 유사하게 보인다.

　조각류는 3개의 발가락자국이 산출되었는데, 폭이 약 25cm 정도이고 육
식공룡인 수각류 발자국 3개는 길이 약 30cm, 폭은 27cm 정도이다. 가인리
화석산지에서는 세계에서 가장 오래된 길이 약 5cm, 폭 약 4.5cm 크기의 물
칼퀴 달린 새발자국 화석과 국내 최초 소형 육식공룡으로 알려진 미니사우
리푸스Minisauripus 발자국 화석이 발견되는 등 학술적 가치가 크다.

제508호

# 옹진 소청도 선캄브리아
# 스트로마톨라이트와 분바위

**분류:** 자연유산/천연기념물/지구과학기념물/지질지형 **시대명:** 원생대 **지정일:** 2009-11-10
**소재지:** 인천광역시 옹진군 **면적:** 29,686㎡

옹진 소청도 분바위

    스트로마톨라이트는 바다나 호수 등에 서식하는 남조류(시아노박테리아)의 군체들이 만든 엽층리가 잘 발달한 생퇴적구조로, 화석으로 취급한다. 스트로마톨라이트는 지구 생명체의 탄생 시초로부터 현세까지 전 지질시대에 걸쳐 나타나지만, 특히 고생대 이전인 선캄브리아기의 환경과 생명의 탄생 기원을 이해하는 데 매우 중요한 학술적 가치를 가지고 있다.

소청도에서 산출되는 원생대 스트로마톨라이트　　　　　소청도 최고의 스트로마톨라이트 산출지

　분바위란 이름은 해안에 노출된 석회암이 여인의 얼굴에 분을 칠한 것처럼 보인다고 하여 붙여진 이름이다. 실제로 분바위의 석회암에 협재된 대리석의 가루가 풍화되어 분처럼 하얗게 묻어나고 있다. 분바위는 등대가 없을 때 달빛을 반사하여 자연 등대의 역할을 하기도 해서 '월띠'라고 부르기도 한다. 고생대 선캄브리아기 이전 스트로마톨라이트 산출은 남한에서는 인천 옹진군 소청도 남동단 해안가 분바위라 부르는 석회암지대에서만 보고되고 있으나, 북한에서는 옹진반도와 평양 부근 등에서 산출되고 있는 것으로 보고되고 있다.

　소청도 분바위 스트로마톨라이트를 가리켜 소청도 주민들은 '굴딱지 암석'이라고 부른다. 이는 스트로마톨라이트가 들어 있는 암석이 굴 껍데기와 같은 성장구조를 보이기 때문이다.

　소청도 스트로마톨라이트가 발달한 분바위 석회암은 문양이 아름다워 일제강점기부터 수십 년 전까지 건축 재료용으로 많이 채석되어 남아 있는 양이 그리 많지 않다. 국내 최초로 지구 최초의 생명체인 시아노박테리아 화석이 발견된 곳이며, 국내에서는 가장 오래된 화석(약 10억 년 전)으로 밝혀져 자연사적 가치가 매우 크다. 2019년에는 백령·대청 국가지질공원으로 지정되었다.

제512호

# 경산 대구가톨릭대학교 백악기 스트로마톨라이트

**분류:** 자연유산/천연기념물/지구과학기념물/지질지형 **시대명:** 중생대 백악기 **지정일:** 2009-12-11
**소재지:** 경상북도 경산시 **면적:** 762m

경산 스트로마톨라이트(출처: 국가유산청)

경산 대구가톨릭대학교 백악기 스트로마톨라이트는 경상북도 경산시 하양읍의 대구가톨릭대학교 교정에서 산출되었다. 이곳에서 산출되는 스트로마톨라이트는 얕은 물에 자라는 남조류cyanobacteria가 만든 생물퇴적구조로, 화석으로 취급한다.

남조류는 38억 년 전 출현한 지구의 최초 생명체로서 현재까지 생존하고 있다. 스트로마톨라이트의 연구는 초기 지구 생명체의 기원, 박테리아 및 미

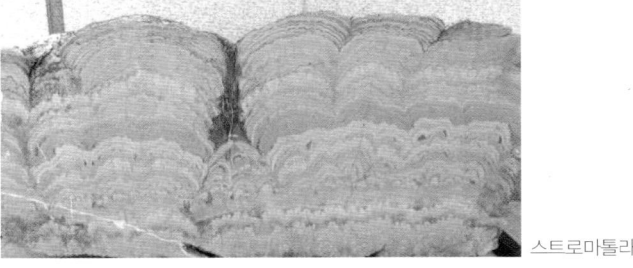

스트로마톨라이트 평면구조

스트로마톨라이트의 단면구조

세조류의 진화 과정을 밝히는 데 많은 정보를 제공해 주고 있다.

　남조류는 물과 이산화탄소, 햇빛을 이용해 영양분과 산소를 만드는 광합성을 한다. 이 과정에서 남조류가 분출한 점액질에 물속을 떠 다니던 모래와 점토와 부유물질들이 쌓여 돔 형태로 성장한다. 남조류가 생성한 산소는 지구에 생명체가 살 수 있도록 하는 데 큰 역할을 하였다.

　우리나라의 스트로마톨라이트 화석으로는 인천 옹진군 소청도에서 산출되는 원생대에 생성된 것과, 강원도 영월에 산출되는 고생대에 생성된 것, 경상북도 군위·의성·진주 등에서 산출되는 중생대 백악기에 생성된 스트로마톨라이트가 있다. 그중에서 경산 대구가톨릭대학교 부근이 보존 상태가 가장 양호하다. 박테리아 화석의 함유 정도, 화석의 보존성 및 형태의 다양성이 세계적일 뿐만 아니라 생성 당시 호수의 규모나 환경을 이해하는 데에도 중요한 역할을 한다.

제534호

# 진주 충무공동
# 익룡·새·공룡발자국 화석산지

**분류:** 자연유산/천연기념물/지구과학기념물/고생물　**시대명:** 중생대 백악기　**지정일:** 2011-10-14
**소재지:** 경상남도 진주시　**면적:** 6,170m

익룡발자국 보행열(출처: 국가유산청)

　2010년 경상남도 진주시 영천강변에서는 혁신도시 건설공사 중에 익룡,
새, 공룡발자국 화석이 발견되었다. 화석산지는 중생대 백악기 경상누층군
신동층군 진주층의 상부에 해당되며, 담회색 사암, 담갈색 사질 셰일 및 흑색
셰일이 호층을 이루고 있다.

　발견 당시 545개의 익룡발자국, 67개의 수각류 공룡발자국, 642개 이상의

익룡의 앞, 뒷발자국 화석(출처: 국가유산청)　　　　수각류 발자국 화석(출처: 국가유산청)

새발자국이 발견되었다. 그중 특히 익룡발자국은 수량·밀집도가 국내뿐만 아니라 세계에서도 최대 수준이고, 보존 상태가 양호하여 발톱과 마디를 선명하게 관찰할 수 있다.

이처럼 단일 지역의 여러 층준에서 다양하고 풍부한 익룡발자국 화석이 산출되는 것으로 보아, 진주 충무공동 지역이 중생대 백악기 전기에 익룡이 오랜 기간 살았던 대규모 서식처였음을 알 수 있다. 특히 새발자국 화석은 진주층에서 최초로 발견된 것이며 국내에서 가장 오래된 것이다.

익룡발자국 화석은 충무공동 지역 10개 이상의 층준에서 산출되었으며, 천연기념물 지정 구역 내에서의 익룡발자국 화석 산출 층준은 모두 8개였다. 2011년에 천연기념물로 지정된 이후 추가 화석 발굴 중에 4개의 층준에서 익룡발자국이 2,100점 이상, 앞발자국과 뒷발자국으로 구성된 4족 보행렬이 33개 이상 산출되었다.

제535호

# 신안 압해도 수각류 공룡알둥지 화석

**분류**: 자연유산/천연기념물/지구과학기념물/고생물 **시대명**: 중생대 백악기 **지정일**: 2012-06-27
**소재지**: 전라남도 목포시 **수량**: 1점

신안 압해도 수각류 공룡알둥지 화석(출처: 국가유산청)

2009년 전라남도 신안군 압해면 신장리 내태도를 관통하는 압해대교 도로 변에서 수각류 공룡알둥지 화석이 발견되었다. 공룡알둥지 화석이 산출되는 곳은 유문암과 유문암질 응회암 지층의 하단부이며 적색 이암으로 이루어져 있다.

압해도에서 발견된 공룡알둥지 화석은 총 19개의 알로 구성되어 있고, 원형 둥지의 최대 직경은 2.3m, 높이는 약 60cm에 달하며, 알의 직경은 약

신안 압해도 수각류 공룡알(출처: 국가유산청)

40cm, 알껍데기의 평균 두께는 2mm이다. 알껍데기의 단면에서 관찰되는 미세구조와 표면 장식을 미루어 보아 수각류 공룡알로 확인되었다.

공룡알둥지 화석이 발견되는 적자색 이암에서 석회질 콘크리트 단괴들이 미약하게 산출되고 생흔 화석들이 산출되고 있는 것으로 보아, 당시의 퇴적 환경은 건기와 우기가 교호하는 아건조환경의 범람원에서 퇴적된 것으로 추정된다.

신안 압해도 수각류 공룡알둥지 화석은 국내에서 발굴, 복원된 육식 공룡 알둥지 중에서 규모가 가장 크고 보존 상태도 양호하다. 따라서 한반도 백악기 후기 육식공룡의 고생물 지리적 분포 특성, 산란 습성, 서식환경을 이해하는 데 매우 귀중한 자료이다.

제548호

# 군산 산북동 공룡발자국과
# 익룡발자국 화석산지

**분류**: 자연유산/천연기념물/지구과학기념물/고생물 **시대명**: 중생대 백악기 **지정일**: 2014-06-11
**소재지**: 전라북도 군산시 **면적**: 4,109m

군산 산북동 공룡 발자국과 익룡 발자국 화석산지(출처: 국가유산청)

군산 산북동 공룡발자국과 익룡발자국 화석산지는 전라북도 군산시 산북동 군장산업단지 부근의 낮은 구릉에 위치하고 있다. 2013년 공단도로 개설 공사를 진행하던 중 발견된 것으로, 전라북도 지역에서는 최초로 발견된 공룡·익룡발자국 화석산지이다.

공룡발자국 화석이 발견되는 지층은 중생대 백악기 산북동층으로, 주로 암회색 이암, 자색 사암 및 이암, 담회색 사암으로 구성되어 있다. 지층면에

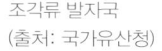

조각류 발자국
(출처: 국가유산청)

익룡발자국
(출처: 국가유산청)

서 물결자국, 빗방울자국, 엽층리, 건열 등의 퇴적구조가 관찰되며, 이외에도 다양한 식물화석과 갑각류 에스테리아 화석 등이 산출된다.

　군산 산북동 공룡과 익룡발자국 화석산지는 좁은 면적에서 다양한 화석과 퇴적구조가 나타나는 등 학술·교육적 가치가 매우 높은 것으로 평가되고 있다. 또한 국내에서 드물게 나타나는 대형 수각류 발자국 보행렬 화석의 보존 상태가 양호하고, 가장 큰 조각류 발자국 화석이 발견되는 등 중생대 백악기 공룡의 행동 특성과 고생태환경을 이해하는 데 귀중한 자료이다. 현재는 일반인에게 공개하지 않고 천막으로 덮여 있다.

제565호

# 사천 선전리
# 백악기 나뭇가지 피복체 산지

**분류:** 자연유산/천연기념물/지구과학기념물/고생물  **시대명:** 중생대 백악기  **지정일:** 2021-08-13
**소재지:** 경상남도 사천시  **면적:** 400㎡

사천 선전리 백악기 나뭇가지 피복체 산지(출처: 국가유산청)

경상남도 사천시 서포면 선전리 검섬해안에는 중생대 백악기 경상누층군의 진주층에서 스트로마톨라이트 화석이 산출되고 있다. 스트로마톨라이트는 생물체 박테리아 및 미세조류의 활동에 의해 형성되는 다양한 형태의 생퇴적구조의 화석으로, 일반적으로 상부로 성장하여 돔 모양의 엽층리를 가진 퇴적 성장구조가 나타난다.

그런데 사천 선전리에서 산출되는 스트로마톨라이트는 돔 모양이 아닌 나뭇가지 모양을 하고 있어 눈길을 끈다. 성장 형태가 나뭇가지를 핵으로 성장

사천 선전리 백악기 나뭇가지 피복체(출처: 국가유산청)

한 원통형이나 막대형을 띠고 있다. 원통형이나 막대형 스트로마톨라이트는 나무의 줄기나 가지에 서식하는 남조류의 활동에 의한 탄산염암의 침전 과정에서 만들어진 것으로 추정된다.

사천 선전리 백악기 나뭇가지 피복체는 모두 5개 층에서 발견되었는데 국내외적으로 매우 드물게 층상으로 밀집되어 있고 그 형태가 특이하다. 흔히 볼수 있는 막대형 스트로마톨라이트는 길이 4~12cm, 직경 2~4cm 정도로 굵기에 비해 길이가 긴 원통형이며, 쇄설성 퇴적물로 채워져 있는 중심부를 둘러싸면서 동심원상의 미세구조가 발달되어 있다.

막대형 스트로마톨라이트가 산출되는 사천 선전리 백악기 나뭇가지 피복체 산지는 국내에서 천연기념물로 지정된 '영월 문곡리 건열구조 및 스트로마톨라이트', '옹진 소청도 선캄브리아 스트로마톨라이트와 분바위', '경산 대구 가톨릭대학교 백악기 스트로마톨라이트' 등과 형태와 생성환경에서 뚜렷한 차별성을 가지고 있다.

제566호

# 진주 정촌면 백악기
# 공룡·익룡발자국 화석산지

**분류:** 자연유산/천연기념물/지구과학기념물/고생물  **시대명:** 중생대 백악기  **지정일:** 2021-09-29
**소재지:** 경상남도 진주시

진주 정촌면 백악기 공룡·익룡발자국 화석산지(출처: 국가유산청)

　　2017년 경상남도 진주시 정촌면에는 중생대 백악기의 공룡과 익룡의 발자국 화석이 대거 발견되었는데, 단일 화석산지로서는 높은 밀집도와 다양성을 보인다. 특히 이곳에서 발견된 2족 보행하는 7,000여 개의 공룡발자국은 육식공룡의 집단 보행열로 세계적으로도 매우 희귀한 사례이다.

진주 정촌면 백악기 공룡, 익룡발자국 화석(출처: 국가유산청)

육식공룡의 발자국은 2cm 남짓한 아주 작은 크기에서부터 50cm 정도 되는 크기까지 다양하게 나타난다. 또한 뒷발의 크기가 1m에 이르는 대형 용각류 공룡의 발자국과 익룡, 악어, 거북 등 다양한 파충류의 발자국이 여러 층에 걸쳐 함께 발견되었다.

진주 정촌면 백악기 공룡·익룡발자국 화석산지는 공룡과 익룡발자국의 밀집도, 다양성, 학술적 가치 측면에서 독보적인 가치가 있다. 또한 1억 년 전 한반도에 살았던 동물들의 행동 양식과 서식환경, 고생태 등을 이해할 수 있는 귀중한 정보를 간직하고 있다.

제571호

# 화성 뿔공룡(코리아케라톱스 화성엔시스) 골격화석

**분류**: 자연유산/천연기념물/지구과학기념물/고생물  **시대명**: 중생대 백악기  **지정일**: 2022-10-07
**소재지**: 경기도 화성시 공룡로 659 공룡알화석산지방문자센터  **수량**: 1개

화성 뿔공룡 골격화석(출처: 국가유산청). 경기도 화성시 전곡항 일대에서 중생대 백악기 약 1억 2000
만 년 전에 한반도에 살았던 공룡의 하반신 골격화석의 일부가 발견되었다. 그동안 공룡의 발자국과 알
화석만이 발견되었는데, 머리에 뿔이 있는 각룡류 화석이 최초로 발견된 것이다. 골격화석은 현재 화성
시 공룡알 화석산지방문자센터에 보관되어 관람할 수 있다.

우리나라에서는 그동안 중생대 백악기에 살았던 공룡의 발자국과 알 화
석만이 발견되었으나, 2008년 5월 30일 경기도 화성시 전곡항 방조제 부근
에서 뒷다리부터 꼬리까지 완벽하게 보존된 공룡뼈 화석이 최초로 발견되

화성 뿔공룡 골격화석(출처: 국가유산청)

었다.

　골격화석의 주인공은 약 1억 2000만 년 전 한반도에 살았던 각룡류('뿔이 있는 얼굴'이라는 의미로, 쥐라기 중기에 처음 나타난 초식성의 부리를 가지고 있는 공룡 무리)로 판명되었다. 각룡류는 트리케라톱스, 프로토케라톱스처럼 뿔이 달린 공룡으로, '화성에서 발견된 한국 뿔공룡'이라는 뜻으로 '코리아케라톱스화성엔시스'라고 명명되었다.

　골격화석의 연구·조사에 의하면, 뿔공룡은 몸길이 약 2.3m로 이족보행을 한 것으로 추정되며, 희귀한 신종 각룡류<sup>角龍類</sup> 공룡으로, 초기 각룡류의 보행 특성과 진화 과정을 규명하는 데 학술적 가치가 커 2022년 천연기념물 제571호(화성 뿔공룡 골격화석)로 지정되었다.

제574호

# 포항 금광리 신생대 나무화석

**분류:** 자연유산/천연기념물/지구과학기념물/고생물 **시대명:** 신생대 제3기
**지정일:** 2023-01-27 **소재지:** 대전광역시 서구 유등로 927 국립문화재연구원 천연기념물센터
**수량:** 1개

포항 금광리 신생대 나무화석(출처: 국립문화재연구원 자연문화재연구실). 나무화석은 메타세쿼이아와 유사한 측백나무의 일종으로 2009년 발견 이후 국립문화재연구원으로 옮겨져 2011년부터 3년에 걸쳐 보존 처리를 마치고 현재 국립문화재연구원 천연기념물센터 수장고 내에 보관되어 있다.

2009년 경상북도 포항시 남구 동해면 금광리에서 다수의 옹이와 나뭇결 그리고 나이테 등이 명확한 나무화석이 발견되었다. 나무화석은 높이 10.2m, 폭 0.9~1.3m, 두께 0.3m 크기로 국내에서 발견된 나무화석 가운데 규모가 가장 크다.

포항 금광리 신생대 나무화석(출처: 국가유산청)

　나무화석의 나이테 경계와 폭 내부 관세포와 배열 특성 등 목재의 해부학적 분석 결과, 신생대 약 2000만 년 전 한반도에 서식했던 측백나뭇과의 하나로, 지금의 메타세쿼이어와 유사한 것으로 해석된다.

　나무화석이 발굴된 포항 동해면 금광리 일원은 신생대 '한반도 식물화석의 보고'로 알려진 곳이다. 이곳은 과거 약 2000만 년 전 일본이 한반도에서 떨어져 나가기 이전 육지의 호수였다. 당시 저지대인 호수로 떠내려와 쌓인 나뭇잎과 물고기 화석들이 길이 약 1km에 걸쳐 약 70m 두께의 셰일퇴적층(금광동층)에서 발견되고 있다.

　이번 발견된 국내 최대 규모의 나무화석은 약 2000만 년 전 신생대의 식물상과 퇴적환경 및 고환경을 이해하는 데 중요한 학술자료로 2023년 천연기념물 제574호(포항 금광리 신생대 나무화석)로 지정, 보호하고 있다.

제577호

# 포항 금광동층 신생대 화석산지

**분류:** 자연유산/천연기념물/지구과학기념물/지질지형　**시대명:** 신생대 제3기
**지정일:** 2023-12-28　**소재지:** 경상북도 포항시 남구 동해면 금광리 산98번지 일원　**면적:** 201,199㎡

포항 금광동층 신생대 화석산지. 경상북도 포항시 동해면 금광동층은 국내 유일의 신생대 육성퇴적층으로, 약 2000만 년 전 이곳 일대에 서식했던 다양한 식물화석이 발견되어 '한반도 신생대 식물화석의 보고'라고 통한다. 식물화석은 당시의 기후환경을 연구하는 데 학술적 가치가 크다.

　경상북도 포항시 동해면 금광리 일대의 금광동층은 신생대 제3기 약 2000만 년 전 한반도에서 일본이 분리되어 동해가 만들어지기 이전, 이곳 일대에 발달했던 호수환경에서 형성되었다. 당시 호수 주변산지의 다양한 목본 식생의 나뭇잎이 쓸려와 호수 바닥의 셰일에 퇴적되면서, 길이 약 1km에 걸쳐

다양한 식물화석

두께 약 70m의 국내 유일의 신생대 육성퇴적층인 금광동층이 형성되었다.

금광동층에서는 약 60여 종의 식물화석이 발견되는데, 그 가운데 메타세쿼이아, 너도밤나무, 참나무, 자작나무, 단풍나무 등이 주를 이룬다. 특히, 울릉도에서 자라는 특산종인 너도밤나무와 일본이 원산지인 금송 등의 화석이 함께 산출되는 것으로 보아, 당시는 일본이 한반도와 완전히 분리되기 전이었음을 추정할 수 있다.

포항 금광동층 화석산지는 우리나라의 대표적인 신생대 식물 화석산지로서, 다른 신생대 퇴적층에서 쉽게 관찰할 수 없는 식물화석의 종이 다양하고, 화석 밀집도가 매우 뛰어나 '한반도 식생의 보고'라고 할 수 있다. 산출되는 식물화석들은 한반도 신생대 전기의 퇴적환경과 식생상, 기후변화, 당시의 화산활동 등을 파악할 수 있는 자료로서 학술적 가치가 커 2023년 천연기념물 제577호(포항 금광동층 신생대 화석산지)로 지정, 보호하고 있다.

# 2.
# 천연기념물 지정 암석광물

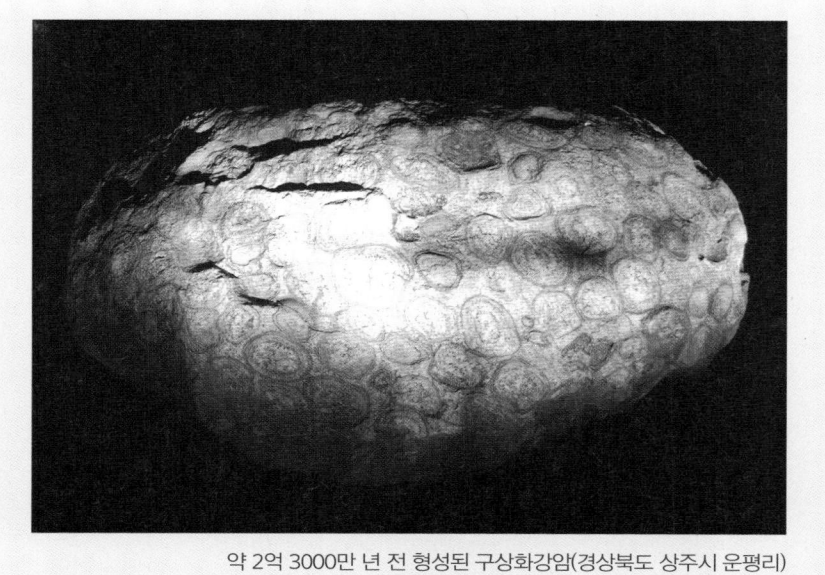

**약 2억 3000만 년 전 형성된 구상화강암**(경상북도 상주시 운평리)

암석은 지하 깊은 곳에서 지구 내부의 에너지에 의한 열과 압력을 받거나 마그마의 열수 작용으로 암석을 구성하는 광물이 변성되어 새로운 암석이 만들어지기도 한다. 이때 새로운 암석은 다양한 색깔과 형태를 지닌 특이한 문양을 띠기도 하는데, 이는 광화작용의 산물로 광상을 탐사하는 데 중요한 실마리를 제공한다는 점에서 의의가 크다.

우리나라는 시원생대부터 현세에 이르기까지 다양한 지질시대에 형성된 암석이 분포한다. 따라서 지질시대별 암석의 특징을 통해서 어떠한 지각변동이 있었는지 그리고 어떤 지질변화가 있었는지를 파악할 수 있다.

제69호

# 상주 운평리 구상화강암

**분류:** 자연유산/천연기념물/지구과학기념물/지질지형 **시대명:** 중생대 트라이아스기
**지정일:** 1962-12-07 **소재지:** 경상북도 상주시 **면적:** 13,911m

원형 반점 문양이 새겨진 상주 운평리 구상화강암(출처: 국가유산청)

　　경상북도 상주에 가면 암석에 꽃이 핀 모양 같기도 하고, 공룡알 화석이 새겨진 모양 같기도 한 아주 특이하고도 신기하게 생긴 바윗돌을 만날 수 있다. 암석에 주먹만 한 크기의 둥근 공 문양이 박혀 있어 '구상암球狀岩'이라 부르는 바위가 바로 그것이다. 1962년 상주시 남동쪽 약 8km 부근 낙동면 운평리 계곡 바닥에서 길이 0.3~1.5m, 너비 0.3~0.7m인 8개의 구상암 덩어리가

각과핵의 조직

처음 발견되었다. 이곳 마을 주민들은 구상암이 마치 거북이 등 모양과 비슷하다고 해서 '거북돌'이라 부른다.

단면이 원형 또는 타원형을 이루는 암구의 지름은 10~20cm로, 암구 하나하나의 구조는 방사상 구조를 보이는 중심부의 핵 부분과 그 바깥쪽으로 동심원 모양을 이루는 1~3mm 두께의 껍질이 둘러싸고 있다. 암구가 원형에 가까운 공 모양을 띠는 이유는 마그마가 식는 과정에서 핵이 한곳에 고정된 채 성장하는 것이 아니라 마그마 내부를 이리저리 떠돌아다니면서 핵을 중심으로 결정의 성장 속도가 모든 방향으로 같기 때문이다.

구상암은 지각 내부 고온의 마그마가 지각을 뚫고 올라오다가 지하 깊은 곳에서 식으면서 굳어 형성된 화성암의 일종인 화강암에 속한다. 일반적인 화강암은 비슷한 광물 입자가 고르게 섞여 무늬가 형성되지 않지만, 구상암은 액체 상태인 마그마가 식을 때 마그마 내부에 포함된 사장석斜長石, 휘석輝石 등과 같은 높은 냉각점을 지닌 광물이 석영, 정장석, 흑운모 등과 같은 낮은 냉각점을 지닌 광물보다 먼저 식으면서 핵을 이루어 방사상으로 성장한다. 이후 석영, 정장석正長石, 흑운모, 각섬석角閃石, 인회석燐灰石 등의 광물이 핵에 침전되면서 동심원상으로 결합해서 생성된다.

상주 구상암의 생성 시기는 중생대 트라이아스기 약 2억 3000만 년 전인 것으로 알려졌다. 구상암은 국내는 물론 전 세계적으로도 흔치 않은 특이한 암석으로, 암석의 생성 과정을 연구하는 데 매우 귀중한 학술적 자료이다. 발견된 암석들은 현재 상주시청 청사로 옮겨 보관하고 있다.

제249호

# 무주 오산리 구상화강편마암

**분류:** 자연유산/천연기념물/지구과학기념물/지질지형 **시대명:** 선캄브리아기 **지정일:** 1974-09-06
**소재지:** 전라북도 무주군 **면적:** 7,074m

구상화강편마암 산출지(출처: 국가유산청)

　전라북도 무주군청에서 동쪽 방향 설천면으로 가다가 오산마을에서 왕정
계곡을 따라 6km 정도 상류 쪽으로 올라가면, 암석에 주먹만 한 크기의 원
형 및 타원형의 무늬가 새겨진 구상암을 만날 수 있다. 흰색과 검은색이 동심
원상으로 배열된 지름 5~10cm 크기의 암석으로 매우 아름답고 특이하다.
1992년 왕정계곡에서 처음 발견된 오산리 구상화강편마암을 이곳 마을주민
들은 호랑이 무늬와 비슷하다고 하여 '호랑이 바위', 또는 돌에 꽃이 핀 모양

과 유사하여 '꽃돌'이라 부른다.

오산리 구상화강편마암 또한 상주 운평리 구상화강암과 동일한 원리와 과
정을 거쳐 형성되었다. 마그마가 냉각·고화되는 과정에서 중심부의 핵이 먼
저 생겨나고, 이후 핵을 중심으로 종류가 다른 유색과 무색 광물질들이 침
전·결합되어 동심원상의 구조를 띤 암석이 생겨났다. 형성 시기와 암질이
서로 다를 뿐이다. 상주 운평리 구상화강암은 중생대 트라이아스기 약 2억
3000만 년 전에 생성된 화성암의 일종인 화강암이며, 오산리 구상화강편마
암은 선캄브리아기 약 19억~18억 년 전에 생성된 변성암의 일종인 편마암
이다.

무주 오산리 구상화강편마암은 세계적으로도 보기 드문 희귀한 암석으로
학술적 가치가 뛰어나다. 현재 일부는 무주군청으로 옮겨 전시, 보관하고 있
으며, 왕정마을 백하산 남쪽 산중턱 320m 고도에서도 새로운 구상암이 발견
되어 관리하고 있다.

제267호

# 부산 전포동 구상반려암

**분류**: 자연유산/천연기념물/지구과학기념물/지질지형 **시대명**: 중생대 백악기 **지정일**: 1980-10-27
**소재지**: 부산광역시 부산진구 **면적**: 33,807㎡

구상반려암 노두

    부산광역시 부산진구 전포동 동의과학대학교의 축구장 뒤편, 황령산 중턱에는 둥근 문양이 새겨진 구상암이 있다. 구상암의 노두는 길이 약 400m, 너비 약 300m로 세계 최대 규모이며, 공 또는 양파 모양의 암구 지름은 작은 것은 1cm에서 큰 것은 5~10cm에 이른다.

    구상암은 일반적으로 화강암에서 생성되는데, 전포동 구상암은 중생대 백악기 약 8500만 년 전 관입한 마그마가 냉각·고화되어 생성된 반려암斑糲岩이다. 반려암은 검은색 바탕에 현미와 같은 흰 반점 무늬를 띠고 있어 이름 붙여진 것으로, 화강암에 비해 밀도도 크고 검다고 하여 '블랙화강암'이라고 부르기도 한다.

근접 촬영한 구상암(출처: 국가유산청)

전포동 구상반려함 또한 상주 운평리(화강암)와 무주 오산리(편마암) 구상암과 동일한 원리와 과정을 거쳐 형성되었다. 지하 깊은 곳의 마그마가 냉각·고화되는 과정에서 마그마에 포함된 광물질들 간에 시간차를 두고 냉각되면서 서로 결합하여 동심원상의 문양이 생성된 것이다.

먼저 냉각된 광물질에 핵이 형성되고 난 후, 핵을 중심으로 휘석과 사장석 같은 광물질들이 동심원 모양으로 침전·결합되어 생성되었다. 1977년 처음 발견된 전포동 반려암은 세계적으로 8개국만이 보유하고 있다. 아시아에서는 유일한 암석으로 희귀하고도 특수한 암석의 생성 원리를 규명하는 데 학술적 가치가 크다.

구상반려암 산출지(출처: 국가유산청)

제393호

# 옹진 백령도 진촌리 맨틀포획암 분포지

**분류**: 자연유산/천연기념물/지구과학기념물/지질지형 **시대명**: 신생대 **지정일**: 1997-12-30
**소재지**: 인천광역시 옹진군 **면적**: 6,307㎡

백령면 진촌리의 북쪽 하늬해안

 인천광역시 옹진군 백령면 진촌리에서 동쪽으로 1.3km 정도 떨어진 해안은 서풍이 강하게 부는 곳이라 하여 하늬해안이라 불린다. 이곳에서는 마그마가 분출 때 맨틀 물질을 포획한 것으로 추정되는 감람암 덩어리가 들어 있는 현무암이 산출되고 있다.

 우리나라에서 감람암이 포획된 포획현무암이 발견된 곳은 경기 연천, 전곡, 평택과 강원 철원, 경남 울릉도, 제주에 국한되어 있다. 국토 가장 서쪽에

현무암에 포획된 감람암

현무암에 포함된 편마암

위치한 백령도에서 감람암이 발견된 것은 매우 이례적이다.

　백령도 진촌리 하늬해안에서 산출되는 맨틀포획 물질인 감람암은 지름 5~10cm 크기이며, 현무암층은 두께가 10m 정도이다. 6층의 현무암층이 나타나는 것으로 보아 적어도 6차례 이상 용암이 분출한 것으로 추측할 수 있다. 분출 시기는 신생대 제3기 말 약 500만~450만 년 전으로 추정되며, 분출지는 진촌리 성당 부근으로 추정된다.

　진촌리 맨틀포획암은 지구 속 수십km 아래에서 만들어진 맨틀의 구성 물질인 감람암이 마그마가 분출할 때 함께 올라와 만들어진 것으로, 지구 내부를 연구하는 데 중요한 자료가 된다. 2019년 백령·대청 국가지질공원 지질명소로 지정되었다.

제505호

# 진도 동거차도 유문암질 단괴

**분류:** 자연유산/천연기념물/지구과학기념물/지질지형 **시대명:** 중생대 백악기 **지정일:** 2009-10-09
**소재지:** 전라남도 진도군 **면적:** 63,450㎡

진도 동거차도-맹도(출처: 국가유산청)

　전라남도 진도군 조도면 동거차도 북동해안에 노출된 중생대 백악기 응회암 내부에서 단괴 형태로 유문암이 발견되고 있는데, 이는 매우 드문 경우이다. 단괴란 일반적으로 퇴적암에서 특정 성분이 핵을 중심으로 동심원적으로 성장하여 형성된 일종의 결핵체를 말한다.

　동거차도의 유문암질 단괴는 유문암질 응회암을 관입한 석영반암질 암맥 주변에서 협소하게 산출된다. 규질 단괴는 원형 또는 타원형의 형태가 가장

동거차도 유문암질 단괴 모체가 된 암맥(출처: 국가유산청)

일반적인 모양이며, 암맥이 분리되는 과정에 따라 장방형, 막대기형, 무덤 형태의 군집으로 산출된다.

　동거차도 유문암질 단괴는 석영반암이 완전히 고화되지 않은 응회암층을 관입하고 상대적으로 점성이 큰 암맥이 응회암층을 지나가면서 서로 다른 온도, 압력 등에 의해 직선상으로 암맥이 관통하지 못하고 끊어지거나 응회암층의 약한 부분에 둥근 단괴 형태를 형성하였던 것으로 추정하고 있다.

　동거차도 유문암질 단괴는 국내에서 보기 드문 특이한 지질 현상이다. 단괴 노출 지역은 가파른 산지를 낀 해안가에 있어 동거차도 마을에서 육로로 접근하기 어렵고 배를 타야 접근이 가능하다.

제547호

# 포항 뇌성산 뇌록산지

**분류:** 자연유산/천연기념물/지구과학기념물/지질지형 **시대명:** 중생대 백악기 **지정일:** 2013-12-16
**소재지:** 경상북도 포항시 **면적:** 56,231㎡

현무암 내 절리를 따라 발달한 뇌록(출처: 국가유산청)

경상북도 포항시 장기면 뇌성산에서는 궁궐, 고택, 사찰 등의 고건축물의 단청에 사용되는 천연안료인 뇌록이 산출되고 있다. 뇌록은 단청의 기본 바탕색으로 사용된 매우 중요한 안료로서, 이곳 뇌성산은 조선시대에 전국으로 공납된 뇌록의 대표 광산이었다.

녹색을 띤 철분이 풍부한 운모류 광물자원인 뇌록은 신생대 제4기에 포항지역 일대에서 일어난 화산분출로 인해 생성되는 것으로, 현무암질 화산쇄설암에서 찾아볼 수 있다. 뇌성산 뇌록산지 일대에는 5~6각형을 이루는 직

충청북도 괴산군 각연사 대웅전 단청(출처: 국가유산청)

현무암 내 절리를 따라 발달한 뇌록(출처: 국가유산청)

경 25~65cm 정도의 주상절리도 함께 발달하고 있다.

  이곳 뇌성산 뇌록산지는 남한의 유일한 뇌록 산출지로 한반도 지각 진화를 이해하는 데 유용한 단서를 제공하는 지질학적 가치와 조선시대 궁궐이나 사묘, 성곽의 문루 등 국가 주요시설 단청에 사용되는 전통 안료의 공급지로서의 역사·문화적 가치 또한 크다.

제556호

# 정선 봉양리 쥐라기 역암

**분류:** 자연유산/천연기념물/지구과학기념물/지질지형 **시대명:** 중생대 쥐라기 **지정일:** 2019-10-02
**소재지:** 강원특별자치도 정선군 **면적:** 138,668㎡

정선 봉양리 쥐라기 역암산지(출처: 국가유산청)

　강원도 정선군 정선읍 봉양리 조양강변에는 중생대 쥐라기 대동누층군에 해당하는 반송층군의 역암층이 나타난다. 이곳 쥐라기 역암은 중생대 쥐라기 시대에 모래, 자갈 등의 퇴적물이 운반되다가 퇴적된 것으로 원마도가 양호한 다양한 크기의 회색과 흑색의 사암, 규암이 대부분을 차지한다.

　그리고 자갈의 종류, 모양, 크기 등이 다양하게 나타나고, 비스듬한 방향으로 자갈이 퇴적된 비늘구조와 위로 갈수록 가볍고 작은 역이 퇴적되면서 형

봉양리 쥐라기 역암의 구조
(출처: 국가유산청)

봉양리 쥐라기 역암
(출처: 국가유산청)

쥐라기 역암 관찰지
(출처: 국가유산청)

성된 점이층리구조도 나타나고 있다. 이를 통해 과거 물이 흘렀던 방향을 유추하거나 역들이 퇴적될 당시의 환경을 파악할 수 있다.

정선 봉양리 쥐라기 역암은 자갈을 이루는 암석의 종류, 자갈의 모양과 크기 등을 잘 관찰할 수 있을 뿐만 아니라 유수에 의한 마모로 단면이 매우 아름답다. 또한 같은 시기에 생성된 역암 중 단연 보존 상태가 양호하고 접근성이 뛰어나 국내 역암 관찰의 대표 지역으로 인정되었다. 2017년에는 강원고생대 국가지질공원 지질명소로 지정되었다.

# 3.
# 천연기념물 지정 지형·지질

단층과 습곡 그리고 지진과 화산 등의 지구 내부 에너지와 바람, 파랑, 빙하 그리고 침식과 풍화 등 지구 외부 에너지에 의해 지표면에는 다양한 지형과 지질구조가 발달한다. 이러한 지형과 지질은 오랜 세월에 걸쳐 지속적으로 변화를 거듭하며 특이하고도 수려한 경관을 지닌다. 우리나라 곳곳에는 시원생대부터 현세에 이르기까지 억겁의 세월을 거치며 다양한 지질구조와 수려한 경관을 지닌 다양한 산지, 하천, 해안 지형들이 발달하였다. 지각변동과 지표변화의 산물인 지형과 지질은 지표와 지층의 형성과 변화 과정 연구의 기초를 제공한다는 점에서 중요한 의미를 지닌다.

제196호

# 의령 서동리 백악기 빗방울자국

**분류:** 자연유산/천연기념물/지구과학기념물/고생물　**시대명:** 중생대 백악기　**지정일:** 1968-05-29
**소재지:** 경상남도 의령군　**면적:** 17,268m

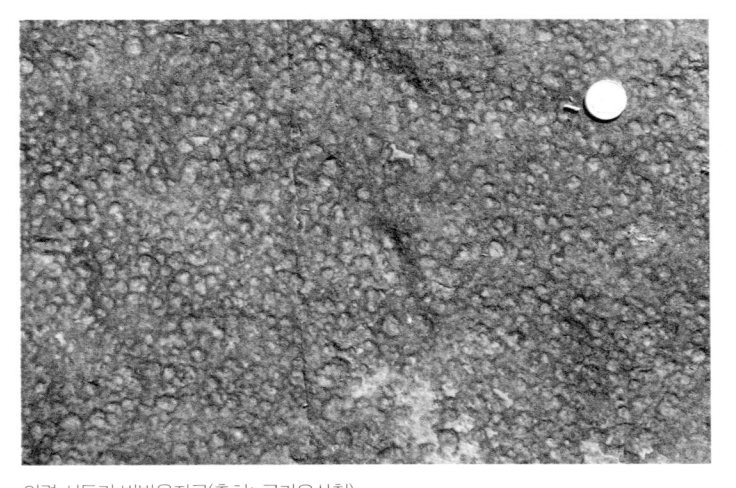

의령 서동리 빗방울자국(출처: 국가유산청)

　1965년 경상남도 의령군 의령읍 서동리에서 우리나라 최초로 직경 8~ 15mm, 깊이 약 1mm 미만 크기로 cm²당 1.5개 정도의 빗방울자국 화석이 발견되었다. 서동리 빗방울자국 화석은 백악기 후기 1억 년 전에 퇴적된 함안층 기저에서 약 150m 위에 있는 검붉은 셰일층에서 산출되었다. 암석을 자세히 살펴보면 세립사암의 굵기는 위로 갈수록 점차 굵어지고 빗방울자국이 박힌 얇은 점토층으로 변하고 있다.

　빗방울자국의 형성 과정은 이러하다. 가뭄으로 호수 바닥에 쌓였던 퇴적

의령 서동리 함안층 빗방울자국(출처: 국가유산청)

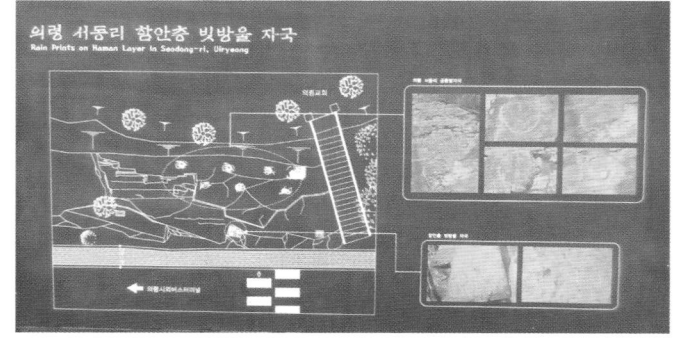

빗방울자국 화석 설명문(출처: 의령군청)

물이 노출된 다음, 그 위에 떨어진 빗방울의 충격으로 작은 홈 모양의 빗방울 자국이 생긴다. 퇴적물의 표면이 마르고, 그 위에 새로운 퇴적물이 쌓인 후 암석화된 것이 침식과 풍화를 받아 퇴적층 노두가 노출된다.

빗방울자국이 발견되는 지층은 당시 호수와 범람원이 만나는 곳이자 부드러운 점토질의 퇴적물이 쌓였던 곳으로, 당시 상황을 연구하는 데 학술적 가치가 크다.

제224호

# 밀양 남명리 얼음골

**분류:** 자연유산/천연기념물/지구과학기념물/지질지형 **시대명:** 미상 **지정일:** 1970-04-27
**소재지:** 경상남도 밀양시 **면적:** 87,816m²

밀양 남명리 얼음골(출처: 국가유산청)

경상남도 밀양시 천황산 북쪽 산자락 중턱에는 한여름에 얼음이 어는 특이한 기상현상이 나타나 '얼음골'이라 부르는 계곡이 있다. 천황사 뒤편 해발고도 약 600m 부근의 계곡에 좌우 30m, 상하 70m 정도 크기의 돌무더기가 쌓인 너덜겅지대가 나타나는데, 맨 아래 철책으로 둘러쳐진 사방 7m 안이 바로 그곳이다. 이곳 너덜겅지대의 돌무더기 틈새에서는 한여름에 얼음이 어는 빙혈氷穴 현상과 에어컨을 틀어 놓은 것처럼 차가운 자연바람이 나오는 풍혈風穴 현상이 나타난다. 반면 겨울에는 따뜻한 공기가 나와 계곡물이 얼지 않는다.

얼음골의 여름철 평균 기온은 섭씨 0.2℃로 서울 23℃, 밀양 22℃의 여름철 평균 기온과 비교하면 거의 겨울철 날씨에 가깝다. 30℃를 웃도는 밀양의 여름에도 얼음골 철책 안의 너덜겅지대 돌무더기 틈에 두께 3~4mm의 얼음이 얼어 있는데, 날씨가 더울수록 얼음이 더 언다.

돌무더기 속의 기온은 가을철 추석을 전후하면서 서서히 올라가기 시작하여 10월 중순쯤에는 바깥 기온과 거의 비슷해졌다가 다시 날씨가 추워지면 바깥 기온보다 훨씬 더 올라간다. 대략 4월부터 얼음이 얼기 시작하여 7월 중순에 절정에 달했다가 8월에 들어서면서 녹기 시작한다.

얼음골의 이런 특이한 기상현상은 얼음골의 독특한 지형구조에서 기인한다. 먼저 얼음골은 삼면이 높이 약 100m의 수직 절벽으로 둘러싸여 있으며, 폭 약 150m의 북쪽을 바라보는 함몰된 요凹자형 계곡을 이루고 있기 때문에 여름철에도 햇볕이 들지 않아 일조량이 매우 적다. 다른 이유는 계곡의 경사면에 겹겹이 쌓여 있는 돌무더기인 너덜겅지대에 의한 단열 효과 때문이다.

산비탈이나 기슭에 발달한 너덜겅지대를 지형학 용어로는 애추崖錐, talus 라고 한다. 얼음골을 가득 채운 너덜겅지대의 암석들은 보통 20~30cm 정도에서 약 1.5m 크기의 안산암으로, 약 5~8m 두께로 얼기설기 쌓여 있다.

이러한 암석들이 외부 공기로부터 열을 차단시켜 주는 단열 기능을 할 뿐만 아니라 암석들 사이에 존재하는 틈이 공기의 유통을 원활하게 하는 에어컨 역할을 하여 기온을 낮추고 얼음을 얼게 한다. 그리고 겨울철 너덜겅 암석 사이로 흘러 들어간 눈과 얼음이 냉원冷原 역할을 하는 것으로 추정된다.

너덜겅의 암석들은 계곡을 둘러싼 수직 암벽에서 떨어져 나와 쌓인 것으로, 현재가 아닌 과거 약 10만 년 전~1만 년 전 사이 주빙하기후周氷河氣候(극

얼음골 사면을 가득 채운 너덜겅지대

지방 빙하 주변 지역에서 나타나는 기후로서, 토양이 연중 얼어 있는 영구동토층이 형성되어 있는 북극해 연안의 툰드라와 수목선 위의 고산지대에서 나타난다) 환경에서 형성된 것이다.

암석은 낮에는 뜨거워져 팽창하지만, 밤에는 기온의 하강으로 냉각되어 수축된다. 이런 팽창과 수축을 반복하는 과정에서 암석이 풍화를 받아 수직 암벽 아래로 낙하하여 사면에 겹겹이 쌓여 형성된 것이다. 이 과정에서 크고 무거운 암석들은 사면 아래 멀리 하단부까지 이동하여 쌓이고, 작고 가벼운 암석들은 사면 상단부에 쌓여 분급이 이루어진다.

보통 5~8m의 너덜겅의 두께는 외부 공기를 차단하는 놀라운 단열 효과를 지녔을 뿐만 아니라 크고 작은 공간의 존재로 공기의 유통을 원활하게 하여 결빙 현상을 돕는다. 여름철 기온 상승으로 너덜겅 표면이 가열되면 인접한 공기는 가벼워져 상승하게 되어 너덜겅 내부로 유입되지 못한다. 한편 너덜겅 내부의 냉기류는 밀도가 커 무겁기 때문에 경사면을 따라 흘러내려 바깥으로 유출된다. 이때 공기가 빠져나간 자리를 메우기 위해 외부의 고온습윤

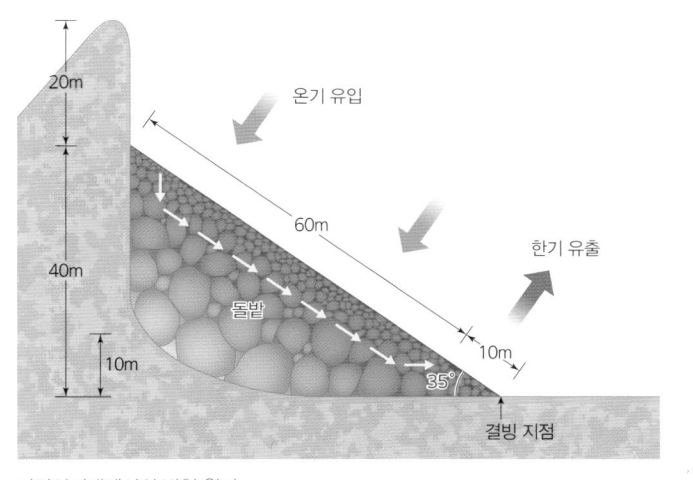

너덜겅지대에서의 빙혈 원리

한 공기가 너덜겅 상부의 빈틈 사이로 강제로 유입된다. 너덜겅 내부의 얼음
굴은 외부와의 단절로 냉각되어 있기 때문에 외부에서 유입된 공기는 암설
사이의 좁은 공간을 통과하면서 압력의 증가로 속도가 빨라진다. 가속화된
공기는 암설 아래쪽으로 내려오는 동안 내부의 냉원 역할을 하는 얼음과 차
가운 지하수의 영향으로 급속히 냉각된다.

　순간적으로 얼어버린 공기는 밀도의 증가로 무거워져 얼음굴 안의 아래쪽
으로 빠른 속도로 이동하여 얼음굴 바깥쪽으로 유출된다. 이때 차가운 공기
가 고온다습한 외부 공기와 접촉하는 순간 외부 공기 중의 수분이 이슬로 응
결되는 결로結露 현상이 나타난다. 얼음굴 내부와 외부와의 기온 차가 심하
면 심할수록 결로 현상이 커지기 때문에 얼음굴 입구에서는 수분의 증가로
많은 양의 얼음이 언다. 여름철 삼복 때가 너덜겅 내부와 외부의 기온 차가
최고조에 이르는 시기이기 때문에 얼음굴에서 얼음이 많이 어는 것이다.

　밀양의 얼음골은 일반적 지형에서 볼 수 없는 계절의 시계가 거꾸로 돌아
가는 신비한 자연 현상이 나타나는 곳으로 학술적 가치 또한 뛰어나다.

제263호

# 제주 산굼부리 분화구

**분류**: 자연유산/천연기념물/지구과학기념물/지질지형 **시대명**: 신생대 제4기 **지정일**: 1979-06-21
**소재지**: 제주특별자치도 제주시 **면적**: 육지부 61,638㎡, 해역부 15,838,362㎡

평지 함몰에 의해 형성된 특이 측화산, 산굼부리

　제주시 조천읍 교래리 조천초등학교 교래분교장 서쪽 약 1km 지점의 평
원에는 마치 우주에서 운석이 떨어져 만들어진 운석공隕石孔의 형태를 띤 특
이한 지형을 만날 수 있다. 산중에 깊게 파인 거대한 구멍의 모양을 하고 있
는데, 제주 방언으로 구멍을 '굼'이라 하여 '산에 형성된 구멍'이란 뜻에서 산
굼부리라 불리는 곳이다.

　산굼부리는 한라산의 산록에 발달한 측화산, 즉 오름의 하나에 속한다. 그
런데 특이하게도 대부분의 오름들이 화구에서 분출한 화산쇄설물이 쌓여 생
성된 분석구인데 비해, 산굼부리는 평지가 푹 꺼져 내려앉아 생긴 함몰분화
구pit crater로서, 세계적으로 보기 드문 형태의 분화구이다.

　둘레 약 2km, 깊이 100~146m, 바닥면적 약 26,500m²의 산굼부리 분화구는 약 7만 3,000년 전 분화에 의해 생성된 것이며, 제주도의 다른 오름들과 전혀 다른 형성 과정을 통해 만들어졌다. 초기 화구에서 낮은 온도와 점성이 강한 용암이 천천히 흘러나와 쌓이면서 낮은 경사의 화산체가 만들어진다. 용암이 분출하여 빠져나간 공간 만큼 지하에 빈 공간이 생겼거나, 하부에 있던 마그마가 다른 통로로 빠져나가 빈 공간이 생기기도 한다. 이후 냉각되어 굳어 버린 화구의 상부가 자체 하중을 이기지 못하고 내려앉아 깊은 분화구가 생성된 것이다.

일각에서는 산굼부리의 형태를 보고 고열의 마그마가 지하수와 순간적으로 접촉하면서 다량의 물이 기화될 때 발생하는 강력한 폭발력에 의해 기존의 주변 지형이 파괴되어 화구와 같은 오목한 지형이 만들어지는 폭렬공인 마르Maar라고 주장하기도 한다. 그러나 산굼부리는 형태만 마르와 비슷할 뿐 물과 접촉한 수증기 폭발과는 전혀 관련이 없는 분화구이다.

깊은 요지凹地인 산굼부리 분화구 안에는 강수량이 집중되는 여름 장마철, 많은 물이 고일 법도 하지만 그렇지 않다. 그 이유는 용암체 상부가 함몰되는 과정에서 화도를 중심으로 방사상으로 갈라지면서 암석이 심하게 부서지며 쪼개졌다. 분화구 내에 다양한 크기의 암석 덩어리들이 서로 뒤엉켜 암석 사이의 균열과 틈새가 많아서, 일순간 많은 빗물이 분화구 내로 흘러들어도 지하로 쉽게 스며들어 물이 고일 수 없기 때문이다.

산굼부리 분화구 내에는 고도에 따라 온대림과 난대림이 형성되어 있으며, 다른 곳에서는 찾아보기 힘든 왕쥐똥나무 군락을 비롯하여 복수초 군락, 제주조릿대 군락 등 420여 종에 달하는 희귀식물들이 서식하는 천연 식물원을 이루고 있다.

분화구 안 출입은 제한하여 생태계가 잘 보존되어 노루, 오소리 등의 포유류를 비롯한 각종 조류와 파충류 등의 야생동물이 서식한다. 이와 같이 산굼부리는 지형·지질학적 가치뿐만 아니라 생태적 가치 또한 높은 곳이다.

제391호

# 옹진 백령도 사곶 사빈

**분류**: 자연유산/천연기념물/지구과학기념물/지질지형 **시대명**: 원생대 **지정일**: 1997-12-30
**소재지**: 인천광역시 옹진군 **면적**: 2,566,000㎡

옹진 백령도 사곶 사빈

　인천광역시 옹진군 백령도 용기포구 남서쪽 사곶해안에는 간조 때가 되면 드러나는 길이 약 2km, 폭 약 200m의 드넓은 사빈이 발달해 있다. 사빈을 구성하는 모래 입자의 크기는 작고 고우며, 모래 사이의 틈(공극)도 매우 작아 단단함을 유지하여 자동차가 통행할 수 있을 정도이다. 그래서 한국전쟁 당시에는 미군이 천연비행장으로 활용하였다. 해안가 모래사장이 천연비행장으로 사용할 수 있는 곳은 이탈리아 나폴리해안과 백령도 사곶해안뿐이다.

자동차가 통행할 수 있을 정도로 단단한 사곶 사빈

사곶 사빈에서 바라본 구 용기포항

　백령도 사곶 사빈이 비행기의 이착륙이 가능할 만큼 단단한 것은 모래 입자의 크기가 매우 작고, 강한 조류를 받아 다져졌으며, 모래 사이의 작은 빈 공간 속에 들어 있는 수분의 표면장력이 모래와 모래를 부착시켜 주는 접착제와 같은 역할을 하였기 때문이다. 또한 모래층 아래 깊지 않은 곳에 모래를 받쳐주는 단단한 기반암이 존재하기 때문이다. 이러한 독특한 지질적 특성 덕분에 사빈은 자동차가 드나들 수 있을 정도로 단단하다.

　사곶 사빈은 2019년 백령·대청 국가지질공원 지질명소로 지정되었다. 그러나 1995년 사곶 사빈 남단을 따라 방파제가 준공된 이후, 조류의 방향이 달라지고 세기 또한 약해져 모래에 점토가 점차 달라붙게 되었다. 이로 인해 백령호 맞은편은 사람이 걸어가도 푹푹 빠질 만큼 환경이 변하였다. 간혹 이곳으로 차량 운행을 하다가 차가 모래갯벌에서 못 빠져 나오는 사고가 발생하기도 한다.

제392호

# 옹진 백령도 남포리 콩돌해안

**분류:** 자연유산/천연기념물/지구과학기념물/지질지형 **시대명:** 미상 **지정일:** 1997-12-30
**소재지:** 인천광역시 옹진군 **면적:** 육지부 26,344㎡, 해역부 육지부지선에서 500m 이내

백령도 남포리 콩돌해안

　인천광역시 옹진군 백령면 남포리의 오군포 남쪽 해안에는 길이 약 800m, 폭 약 30m 크기의 넓은 자갈해안이 발달해 있다. 자갈의 크기와 모양이 콩돌과 유사하여 콩돌해안이라 부른다. 콩돌해안의 둥근자갈들은 해안 양쪽 끝 규암으로 구성된 해식절벽에서 떨어진 각진 규암 조각들이 바다에 유입된 후 파도에 의하여 오랫동안 구르면서 마모되어 표면이 매끈한 콩 모양이 되었다.

| 콩돌해안 규암층에 발달된 절리 | 각진 규암역 | 매끈한 규암역 콩돌 |

**콩돌의 형성 과정**

1. 콩돌해안 양쪽 끝 규암절벽에서 떨어져 나온 각진 규암의 암석 조각들이 떨어져 나와 바다로 유입된다.
2. 파도에 오랫동안 쓸려 각진 규암 조각이 마모되어 각이 사라진다.
3. 지속적인 파도 힘에 의해 점차 모서리가 사라져 둥근 콩돌로 변한다.

　　해안선과 나란한 방향으로 콩돌해안을 바라보면, 경사진 면과 평평한 면이 2~3개가 반복되는 둔덕이 나타난다. 그리고 둔덕마다 자갈의 크기도 다른 것을 확인할 수 있는데, 이러한 지형을 범berm이라고 한다. 범은 사리와 조금, 기상 조건에 따라 파도의 세기가 달라 만들어진 것이다.

　　콩돌의 색깔은 흰색, 회색, 갈색, 적갈색, 청회색 등 형형색색을 띠어 아름다운 해안 경관을 연출한다. 특히 거센 파도가 칠 때마다 자갈들이 부딪치고 구르는 소리는 매우 청아하다. 옹진 백령도 콩돌해안은 자연사적 가치가 높아 2019년 백령·대청 국가지질공원 지질명소로 지정되었다.

| 콩돌해안에 관찰되는 범구조 | 소중히 보존해야 할 콩돌 |

제413호

# 영월 문곡리 건열구조 및 스트로마톨라이트

**분류:** 자연유산/천연기념물/지구과학기념물/고생물 **시대명:** 고생대 오르도비스기
**지정일:** 2000-03-16 **소재지:** 강원특별자치도 영월군 **면적:** 205,091㎡

영월군 문곡리 연덕천변 암석절벽

　영월군 문곡리 연덕천변 고생대 오르도비스기 영흥층의 암벽에서는 높이 약 14m, 폭 약 16m 크기의 건열구조 및 스트로마톨라이트stromatolite 화석이 산출되고 있다. 건열구조는 얕은 수심에 퇴적된 점토층이 일시적으로 수면 위로 노출된 후 건조되어 퇴적층 표면의 수축으로 표면에 금이 생기고 갈라지는 틈 사이로 모래와 같은 쇄설성 퇴적물이 퇴적되어 만들어진다.

　스트로마톨라이트는 얕은 수심에서 남조류의 탄소동화작용으로 생긴 석

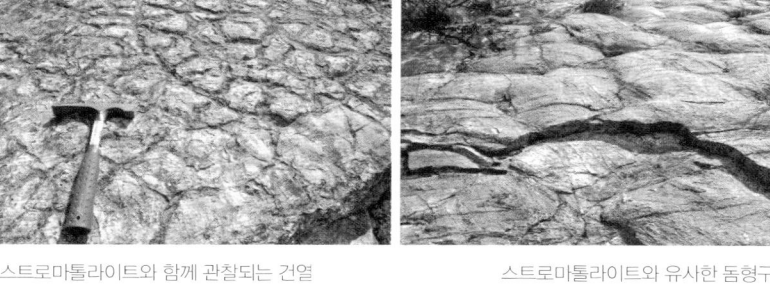

스트로마톨라이트와 함께 관찰되는 건열                    스트로마톨라이트와 유사한 돔형구조

회 성분의 미생물막이 퇴적물 알갱이들을 붙잡아 고정시킨 결과, 여러 층으로 이루어진 생화학적 부착구조이다. 그러나 여기에서 발견되는 스트로마톨라이트는 가장 일반적인 LLHLaterally Linked Hemispheroid(층리면 상부를 따라 올록볼록한 형태를 띠는 퇴적구조)형 스트로마톨라이트와 유사해 보이지만, 미세한 엽층리구조가 야외 및 박편상에서 관찰되지 않은 등 스트로마톨라이트로 판단할 수 있는 증거들이 부족하다.

또한 매끈한 표면구조와 돔 사이의 불규칙하게 갈라진 틈 구조 역시 일반적인 스트로마톨라이트와는 차이가 많다. 그래서 평평한 층리면 위에 볼록하게 솟아 있는 돔 구조로 층리가 발달하지 않은 머드 마운드mud mound로 해석되는 논란이 되고 있다.

그러나 영월 문곡리 건열구조 및 스트로마톨라이트를 구성하는 증발잔류암(바닷물이나 염분이 많은 호수의 물이 증발하여 마른 뒤에 생긴 퇴적암)에서 석고 결정이 산출되는 것으로 보아, 퇴적 당시 얕은 수심과 건조한 환경에서 형성된 것으로 추정할 수 있다. 그래서 명칭과 관계없이 규모가 크고 보존 상태가 우수한 하부 고생대 퇴적구조를 간직하고 있다.

제415호

# 포항 달전리 주상절리

**분류:** 자연유산/천연기념물/지구과학기념물/지질지형 **시대명:** 신생대 **지정일:** 2000-04-28
**소재지:** 경상북도 포항시 **면적:** 32,651㎡

수직·수평 모양의 주상절리가 발달한 포항 달전리 주상절리

경상북도 포항시 남구 연일읍 달전리 달전저수지 동쪽 구릉에는 국수살 또는 부채살 모양으로 주름진 수백 개의 암석기둥이 병풍처럼 펼쳐져 있어 장관을 이룬다. 높이 약 20m, 길이 약 100m에 이르는 주상절리柱狀節理 지형으로, 1997년 포스코 및 국가산업단지 부지를 조성하기 위해 채석을 하던 중 발견되었다.

주상절리는 주로 용암 분출로 형성되는 현무암, 안산암과 같은 화산암에

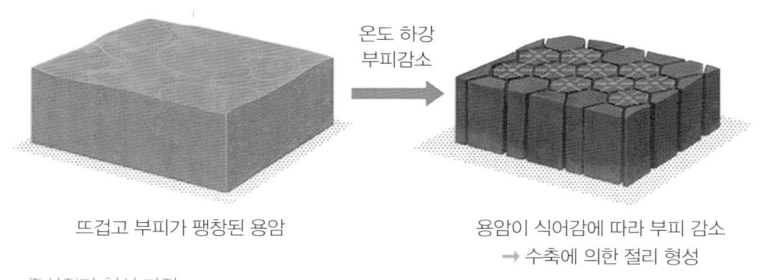

국수사리 모양의 주상절리

온도 하강
부피감소

뜨겁고 부피가 팽창된 용암

용암이 식어감에 따라 부피 감소
→ 수축에 의한 절리 형성

주상절리 형성 과정

서 발달하는 5~6각형의 암석기둥을 말한다. 이곳 달전리에 발달한 주상절리는 신생대 제3기 말~제4기 초인 약 200만 년 전에 분출한 현무암으로 이루어져 있다.

주상절리는 용암이 식는 속도와 방향에 따라 모양과 크기가 결정된다. 달전리 주상절리는 왼쪽의 돌기둥을 바로 세운 듯한 수직 모양과 오른쪽의 부채살처럼 약간 누운 듯한 수평 모양 두 가지로 구분된다. 시기적으로 보면, 하단부에 위치한 수직 주상절리가 형성된 이후 그 위로 수평 주상절리가 형성되었다는 것을 추측할 수 있다.

지표로 분출한 뜨거운 용암은 곧바로 냉각되기 시작하여 부피가 줄어들고, 용암 속의 가스와 수증기가 빠져나가면서 점차 수축하게 된다. 용암의 지면과 닿은 하단부와 공기와 접한 상단부에서 중심부를 향하여 동시에 냉각되면서 수축하는데, 이때 가뭄으로 논바닥이 거북등 모양으로 갈라지는 것처럼 동일한 힘이 전달되어 5~6각형 모양으로 규칙적인 균열(절리)이 발생한다. 이러한 원리와 과정에 의해 가장 일반적인 형태인 수직 방향의 주상절리가 형성되는데, 달전리 주상절리 왼편에 발달한 것이 이에 해당된다.

한편 달전리 주상절리 오른편은 약간 누운 듯 부채살 모양으로 수평 방향의 주상절리를 이룬다. 이는 오목한 연못과 같은 와지窪地 안으로 용암이 흘러들거나 또는 와지 밑에서 용암이 솟아나는 등 용암연못이 만들어지는 특수환경에서 생성된 것이다.

와지에 고인 용암은 대기와 접촉하면서 표면과 동시에 지면과 접촉한 용암연못의 내부에서도 냉각이 진행된다. 이때 용암연못의 중심점을 향해 같은 속도로 서서히 냉각·수축되면 중심점을 기준으로 부채꼴의 주상절리가 만들어진다. 달전리 주상절리는 수직과 수평 방향의 주상절리가 동시에 발달한 특징을 가지고 있으며, 다른 지역의 주상절리에 비해 규모가 크고 발달상태도 양호하다.

제417호

# 태백 구문소 오르도비스기 지층과 제4기 하식지형

**분류**: 자연유산/천연기념물/지구과학기념물/고생물 **시대명**: 고생대 오르도비스기
**지정일**: 2000-04-28 **소재지**: 강원특별자치도 태백시 **면적**: 2,025,584㎡

북쪽 태백시 쪽에서 바라본 구문소

　　강원도 태백시 남부 황지못에서 발원한 황지천과 철암에서 흘러 내려온 철암천이 합류하는 곳에 '구문소求門沼'라 불리는 작은 못이 있다. 이곳을 달리 '뚜루내'라고도 하는데, 이는 황지천의 물줄기가 오랜 세월 연화산 남단 산자락의 석회암벽을 깎아내어 뚫은 천연터널을 흐르는 내川라고 해서 비롯되었다.

화석이 발견되는 황지천 전경, 연흔 화석, 두족류 화석, 포트홀

구문소에서 황지천 상류 쪽으로 약 200m에 이르는 하천바닥의 암반 곳곳에는 고생대의 다양한 생명체 화석과 퇴적구조들이 새겨져 있다. 약 4억 8000만~4억 4000만 년 전 고생대 오르도비스기 이곳은 얕은 바다환경이었으며, 이곳에 서식하던 조개와 산호의 껍데기가 쌓여 석회암이 형성되었는데, 당시 생명체와 퇴적환경 등이 석회암에 화석으로 남게 된 것이다.

현재 구문소 일대에서 발견되는 생명체의 화석과 퇴적구조는 약 300~400m의 두께인 태백산 막골층이 쌓일 시기에 생성된 것들이다. 고생대 당시 바다에 살았던 삼엽충과 오징어 모양의 두족류를 비롯한 다양한 바다생물의 화석과 모래해안에서 밀물과 썰물에 의해 형성된 물결무늬 모양의 연흔

漣痕, 갯벌의 무척추동물들이 이동한 손바닥 손금 모양의 화석, 가뭄으로 인한 지면이 거북등처럼 갈라지는 건열乾熱구조, 그리고 지구상의 첫 생명체인 남세균이 광합성을 하여 만들어 낸 유기체의 퇴적구조인 스트로마톨라이트 stromatolite 등 다양한 퇴적구조가 산출되고 있다.

그리고 제4기 약 200만 년 전부터 현재에 이르기까지 황지천이 흘러가면서 암반을 침식 및 마식하여 만든 기괴한 모양의 하식지형을 여러 곳에서 찾아볼 수 있다. 여름철 집중호우 때 유량과 유속의 증가로 돌덩이가 하상의 음푹 파인 곳에 들어가 소용돌이치면서 암반을 깎아내어 만든 포트홀(돌개구멍)과 폭포 등도 볼 수 있다.

구문소는 보기 드물게 우리나라 고생대의 지질환경과 당시 살았던 생명체의 화석이 집중, 분포하는 곳이다. 그리고 하천의 유수流水에 의한 포트홀과 같은 침식지형의 특징이 뚜렷하게 발달해 있어 그 자연사적, 학술적 가치가 매우 큰 곳이다. 2017년 강원고생대 국가지질공원 지질명소로 지정되었다.

제431호

# 태안 신두리 해안사구

**분류**: 자연유산/천연기념물/지구과학기념물/지질지형 **시대명**: 신생대 제4기 **지정일**: 2001-11-30
**소재지**: 충청남도 태안군 **면적**: 1,005,165㎡

국내 최대 규모의 신두리 해안사구

충청남도 충남 태안군 신두리 해수욕장 뒤편에는 약 3~4km의 해변을 따라 거대한 모래 언덕들이 곳곳에 나타난다. 이 모래 언덕들은 해변의 모래들이 오랜 세월 바닷바람에 실려 날아와 쌓여 만들어진 해안사구海岸砂丘 지형이다. 이곳 신두리의 해안사구는 해변에서 육지 쪽으로 700~1,000m 내외의

신두리 해안사구 절개 단면의 사층리구조

너비로 배후산지 아래까지 펼쳐져 있는 우리나라의 최대 규모로서 원형을 유지하고 있다.

신두리 해안사구는 사구 형성에 최적의 자연조건을 갖추고 있다. 이곳은 밀물과 썰물의 차가 커 썰물 때 2~4° 정도의 완만한 경사를 가진 넓은 해빈海濱(모래사장)이 드러난다. 또한 겨울철에는 해안선이 모래를 실어 나를 수 있는 초속 17m의 탁월풍인 북서계절풍과 직각으로 노출되어 있으며 해저와 해빈에 풍부한 모래가 지속적으로 공급된다.

신두리 해안사구 절개 단면의 모래층서를 보면 비스듬하게 경사진 사층리를 확인할 수 있다. 사층리 분석을 통해 바람이 어느 쪽에서 불었는지를 가늠할 수 있다. 해안에서는 낮에는 바다에서 육지로 부는 해풍이, 밤에는 육지에서 바다로 부는 육풍이 분다. 사층리의 방향이 엇갈리는 것은 해풍과 육풍이 교대로 불어 모래가 쌓였음을 말해 준다.

신두리 해안사구를 포함하여 우리나라 대부분의 해안사구는 현재의 해수면을 유지하게 된 약 6,000년 전부터 형성되었을 것으로 추정된다. 해안 사구는 여러 과정을 거쳐 형성된다. 먼저 해빈의 모래가 바람에 날려 해빈 배후에 넓게 쌓인다. 해빈 배후 모래밭에 사초류 등의 식물이 자라면서 덤불을 이루는데, 덤불이 모래를 포획하면서 모래가 점차 쌓여 사구가 조금씩 생성되기 시작한다. 사구 뒤로는 사초류의 확산으로 식생 면적이 확대된다.

해안사구의 형성 과정
사빈의 모래가 해풍에 의해 날아가 배후에 쌓이면서 1차 사구가 형성된다. 이후 1차 사구의 모래가 또 다시 배후로 날아가 쌓여 2차 사구가 형성된다. 사구에 식생이 안착하면서 그 형세가 분명해진다.

먼저 형성된 2차 사구는 점점 모래의 공급으로 더 크게 성장하고, 그 앞쪽으로 바다 가까이 사초류가 다시 자라면서 모래가 쌓이기 시작한다. 2차 사구 뒤편으로는 덤불과 수목군락이 형성되어 2차 사구의 성장을 돕는다.

이후 2차 사구는 완성기에 접어들고 그 앞쪽 사초류 군집이 덤불을 이루면서 1차 사구가 생성되기 시작한다. 2차 사구 뒤편의 식생은 더욱 안정되어 다양한 생태계를 이룬다. 해안사구는 해안 지역에서 다양한 기능과 역할을 통해 해안생태계를 유지하는 데 기여하고 있다.

첫째, 해빈과 함께 태풍과 해일이 일어날 때 사구 지역의 충격을 완화시켜 준다. 또한 저장하고 있던 모래를 다시 바다와 해빈으로 공급하는 모래순환 시스템을 통하여 해안선의 급격한 침식을 방지하고 해안지형을 보존·유지하는 역할을 한다. 둘째, 밀도가 큰 바닷물이 육지로의 침입을 막아주어 육상의 담수 생태계를 보호하는 역할을 한다. 또한 모래가 사구에 유입된 원수原水의 불순물을 걸러내는 탁월한 수질 정화 능력을 지녀 해안사구 일대에 식

해안사구 개발의 위험성

수원 공급이 가능하여 취락의 입지가 가능하다.

　그동안 해안사구는 바닷가의 '쓸모없는 모래 언덕'으로 인식되어 해수욕장 개발, 모래 채취, 해안도로 개발 등의 이유로 훼손되고 파괴되어 현재 해안사구의 원형과 온전한 생태계를 제대로 보존하고 있는 곳은 전국적으로 찾아보기 어렵다. 이런 시설물은 조류와 바람에 의한 바다와 육지의 모래교환시스템을 교란시켜 결국 모래가 바다로 유실되는 결과를 초래한다. 축대 앞의 모래가 급격히 바다로 유실되어 시설물이 붕괴되는 사고가 여전히 전국 곳곳에서 발생하고 있다. 다행히 신두리 해안사구는 사구 일대가 1990년 초반까지 군사 출입제한 구역으로 원주민을 제외하고는 출입이 제한되었기 때문에 그 형태를 유지할 수 있었다.

제435호

# 달성 비슬산 암괴류

**분류:** 자연유산/천연기념물/지구과학기념물/지질지형  **시대명:** 신생대 제4기  **지정일:** 2003-12-13
**소재지:** 대구광역시 달성군  **면적:** 992.979m

국내 최대 규모의 대구 달성군 비슬산 암괴류

대구광역시 달성군 유가면 용리에 위치한 비슬산(1083.4m)은 봄에는 진달래가, 가을에는 억새가 아름답기로 소문난 산이다. 그러나 비슬산에는 또 하나의 비경이 숨겨져 있다. 직경 1~2m 크기의 거대한 바위덩어리들이 산비탈과 계곡 곳곳을 가득 채워 장관을 이루는데, 이는 다른 산에서는 찾아보기 어려운 광경이다. 그 모습이 마치 돌이 강을 이루며 흘러가는 형세를 띠어 순

달성 비슬산 암괴류와 토르

수 우리말로 '돌강', 또는 '너덜겅'이라 부르는데, 지형학 명칭은 암괴류巖塊流
라고 한다.

비슬산 암괴류는 고도 1,000m 부근인 대견봉과 조화봉에서 시작되어 남
서 방향의 계곡을 따라 고도 약 450m의 자연휴양림이 위치한 곳까지 폭 약

80m, 두께 약 5m, 길이 2km가량을 차지하고 있다. 바위덩어리들은 중생대 백악기 약 9700만 년 전 관입한 화강암들로, 화강암이 오랜 세월 지중풍화와 빙하기를 거치며 침식·풍화되어 지표에 모습을 드러낸 것이다.

암괴류는 크게 3단계의 과정을 거쳐 형성되었다. 1단계는 간빙기(빙기에 비해 상대적으로 기온이 높았던 시기)의 고온다습한 기후환경에서 땅속의 화강암에 발달한 수직, 수평 절리를 따라 심층풍화를 받아 둥근 또는 다각형의 핵석이 만들어졌다.

2단계는 최종빙기의 주빙하기후(빙하의 주변 지역으로 북극해 연안의 툰드라와 수목선 위의 고산지대에 나타나는 기후로, 토양은 연중 얼어 있는 영구동토층을 형성하며, 토양수의 동결과 융해가 반복되어 기계적 풍화가 활발하다) 환경에서 일년 내내 얼어 있던 영구동토층 지표의 토양이 녹아 마치 밀가루 반죽처럼 움직이는 솔리플럭션solifluction과 토양이나 암설巖屑들이 동결과 융해를 반복한다. 이때 중력의 영향으로 점차 아래로 연간 2~6cm 정도의 속도로 이동하는 동상포행凍上匍行을 거친다. 3단계는 빙하기가 끝나고 후빙기로 접어들면서 많은 비가 내려 암석 덩어리들을 덮고 있던 세립물질들이 하천과 유수에 의해 점진적으로 제거되면서 지금의 모습을 갖추게 되었다.

비슬산 암괴류는 마지막 빙하기였던 약 6만 5,000~1만 8,000년 전 한랭건조했던 주빙하기후의 영향과 후빙기 1만 년 전 이후부터 온난습윤한 기후의 영향을 집중적으로 받아 형성되었을 것으로 추정된다. 이와 같이 비슬산 암괴류는 한반도가 주빙하기후 환경 아래 있었음을 입증할 수 있는 증거로 학술적 가치가 클 뿐만 아니라, 국내 암괴류 중 가장 규모가 크고 원형도 잘 보존되어 있다.

제436호

# 한탄강 대교천 현무암 협곡

**분류:** 자연유산/천연기념물/지구과학기념물/지질지형 **시대명:** 신생대 제4기 **지정일:** 2004-02-23
**소재지:** 경기도 포천시 **면적:** 904,091.5㎡

한탄강 대교천 현무암 협곡

경기도 포천시 관인면과 강원도 철원군 동송읍의 접경 지역 한탄강 연안에는 현무암 평원이 발달해 있으며, 지류인 대교천을 따라 총길이 약 1.5km, 깊이 20~30m의 현무암 협곡이 발달하였다. 대교천 현무암 협곡은 이산화규소의 함량 40~50%인 염기성 현무암이 냉각되어 형성된 것이다.

현무암 절대연령을 측정한 결과, 약 27만 년 전에 분출한 용암으로 추정된

한탄강 대교천 하식절벽에 발
달된 부채꼴 모양 주상절리

한탄강 대교천 하상에 발달된
주상절리 평면

다. 또한 협곡에 발달된 주상절리의 발달 상태 등으로 미루어 보아, 최소한 3
번 이상의 용암 분출이 있었던 것으로 추정하고 있다. 대교천 하천 바닥의 경
사는 급한 편이고 좌우방향보다는 아래쪽 방향의 침식이 더 활발하다. 협곡
양안의 하식절벽에 노출된 현무암에는 기둥 모양의 주상절리와 부채꼴 모양
의 주상절리도 관찰되며 하상에서도 주상절리의 평면이 관찰된다.

한탄강 대교천 현무암 협곡은 경관이 빼어나고 현무암 내에 주상절리가
잘 발달되어 있다. 2015년에는 한탄강 국가지질공원으로, 2020년에는 유네
스코 세계지질공원으로 지정되었다.

제437호

# 강릉 정동진 해안단구

**분류:** 자연유산/천연기념물/지구과학기념물/지질지형  **시대명:** 신생대 제4기  **지정일:** 2004-04-09
**소재지:** 강원특별자치도 강릉시  **면적:** 107,673㎡

해안단구의 원형, 강릉 정동진 해안단구

　동해안 해돋이 명소인 강원도 강릉의 정동진은 우리나라에 발달한 해안단
구의 전형을 볼 수 있는 곳이다. 해안단구는 바닷가에 있는 계단과 같이 생긴
지형으로, 과거 바다였던 곳이 지반의 융기로 인해 솟아올라 육지화된 것이
다. 정동진 해수욕장 뒤편 해식절벽 위 선박호텔이 들어선 곳이 바로 해안단
구다.

　과거 이곳이 바다였다는 사실은 고도 약 70m 이상의 단구면에서 발견되

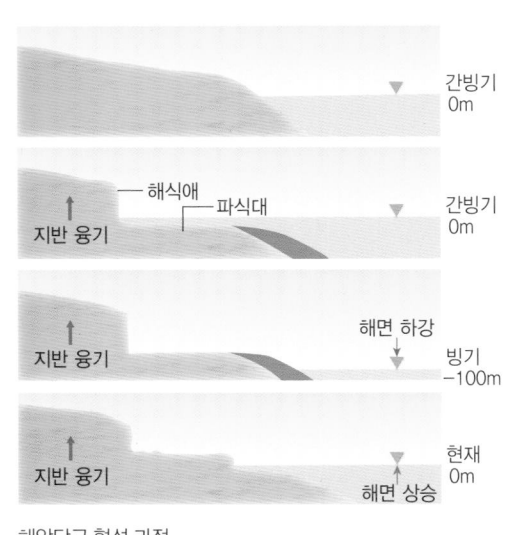

간빙기
0m

해식애 ─ 파식대
지반 융기
간빙기
0m

해면 하강
지반 융기
빙기
−100m

지반 융기
현재
0m
해면 상승

**해안단구 형성 과정**
1. 조류와 파랑에 의한 침식으로 해식애 아래 파식대가 형성된다.
2. 파식대가 지반의 융기로 솟아올라 육지화되었다.
3. 파식대 전면으로 조류와 파랑에 의한 침식으로 새로운 해식애와 파식대가 형성된다.
4. 파식대가 지반의 융기로 솟아올라 계단상의 해안단구가 형성된다.

는 원마도가 양호한 4~10m의 두께의 정동층正東層이라는 자갈퇴적층에서 찾을 수 있다. 정동층에는 연체동물들이 판 구멍들과 파도에 깎인 해안의 납작한 모양의 자갈들이 나타난다. 과거 이곳은 파도에 의해 침식을 받았던 해안 부근의 파식대波蝕臺로서, 이곳에서 침식을 받아 마모된 둥근자갈들이 쌓이고 이후 지반이 현재의 높이까지 융기함으로써 지금의 단구지형이 생성된 것이다.

정동진에 발달한 해안단구는 해발고도가 가장 낮은 저위면(20m)부터 중위면(40m), 고위면(90m), 고고위 II면(110m), 고고위 I면(140m)에 이르기까지 고도가 다른 5개의 단구면이 연속적으로 나타나고 있다. 일반적으로 높은 곳에 위치한 단구가 시기적으로 앞서 형성된 것이므로, 위로부터 아래로 시기를 달리하며 5차례 이상의 해수면 변동과 함께 지반의 융기가 있었음을 알 수 있다. 단구면 가운데 해발고도 70~90m 지점에, 폭 약 800m를 넘는 한반도

강릉시 옥계해수욕장에서
바라본 정동진 해안단구

정동진 해안단구 아래 국내
에서 바다와 가장 인접한
도로, 헌화로

해안에서 관찰할 수 있는 가장 전형적인 해안단구가 발달해 있다.

한반도에서 최종 간빙기 이후의 지반 융기율은 대략 10cm/1,000년 정도
로, 10만 년에 약 10m 정도 융기한다고 한다. 이에 근거하여 정동진의 해안
단구는 대략 제4기 중기 이후인 약 160만~140만 년 전경부터 형성되기 시작
한 것으로 보이며, 조각공원이 위치한 가장 넓게 분포하는 고위면(70~90m)
은 약 90만~70만 년 전경 형성된 것으로 추정된다.

정동진 해안단구는 한반도의 제4기의 기후변화는 물론 고환경과 해양, 지
형, 지질환경의 변화 과정을 밝힐 수 있는 지표지형으로서 자연사적 가치가
크다.

제438호

# 제주 우도 홍조단괴 해빈

**분류**: 자연유산/천연기념물/지구과학기념물/지질지형 **시대명**: 신생대 제4기 **지정일**: 2004-04-09
**소재지**: 제주특별자치도 제주시 **면적**: 874,000㎡

우도기행 제1번지, 서광리 백사

　제주도의 부속섬 61개 가운데 가장 큰 우도는 섬의 형태가 마치 소가 드러
누워 있는 모습과 같다고 하여 이름 붙여진 섬이다. 우도 또한 송악산과 마찬
가지로 약 5,000년 전 얕은 바다에서 일어난 폭발적인 수중분화에 의해 분화
구가 생겨나고, 이후 분화구 중앙으로 또다시 용암 분출에 의해 분석구와 알
봉이 생겨나 만들어진 이중화산이다.

　섬 중앙 서쪽 서광리해안에는 길이 약 300m, 너비 약 15m 크기의 백사장
이 발달하였는데, 옥빛 바다와 조화를 이루어 이국적인 풍광을 자아낸다. 이

홍조단괴 부스러기(출처: 박진성)

곳 백사장을 채운 모래는 그동안 산호 껍질의 부스러기로 알려져 왔으며, 이러한 해빈은 동양에서 유일하다고 한다. 그러나 2002년 백사장의 하얀 모래 퇴적물 조사 결과, 산호가 아닌 홍조류의 일종인 리도플름 속Lithophyllum sp.의 껍질 가운데 탄산칼슘 성분이 암석처럼 단단하게 굳어져 형성된 홍조단괴가 쌓여 이루어진 것으로 밝혀졌다.

홍조단괴의 형태는 전체적으로 울퉁불퉁한 구형을 띠고 있으며, 크기는 수mm에서 10cm 이상 다양하며, 성장 속도는 100년에 약 1.3~3.4mm인 것으로 알려졌다. 이곳 서광리 해안 앞바다에 서식하던 홍조류의 사체가 강한 조류와 태풍 등의 영향으로 점차 성장하여 돌멩이처럼 굳어진 뒤 해안으로 운반되어 쌓여 백사장이 형성된 것이다.

홍조단괴가 이곳 서광리 앞바다에 집중적으로 성장할 수 있었던 것은 서광리 앞바다 일대가 홍조단괴의 성장에 알맞은 해양학적 조건을 가지고 있기 때문이다. 수온이 약 19℃ 정도로 연중 따뜻하고, 하천을 통한 화산쇄설성 퇴적물의 유입이 없어 바닷물이 매우 맑은 상태로 유지되어 광합성에 유리하다. 그리고 수심이 약 15m 정도로 얕아서 매우 빠른 조류가 흐르고, 이러한 빠른 조류와 파랑에 의해 홍조류가 빈번히 뒤집히거나 구르며 성장하여 홍조단괴가 쉽게 형성될 수 있었다. 아울러 여름철마다 제주도를 통과하며 막대한 에너지로 바다를 뒤흔들어 놓는 태풍 또한 홍조단괴 형성에 크게 기여하였다.

우도 홍조단괴 해빈은 세계적으로 희귀할 뿐만 아니라 경관적, 학술적 가치가 높다. 그러나 매년 50만 명에 가까운 사람들이 찾고 있는 명소이기 때문에 홍조단괴가 조금씩 불법 유출되고 있으며, 훼손되는 경우가 많아 관리 감독이 시급한 실정이다.

제439호

# 제주 비양도 호니토

**분류:** 자연유산/천연기념물/지구과학기념물/지질지형 **시대명:** 신생대 제4기 **지정일:** 2004-04-09
**소재지:** 제주특별자치도 제주시 **면적:** 1,323㎡

제주 비양도에서만 볼 수 있는 호니토

　　제주시 한림읍 협재리 협재해수욕장 앞바다에 위치한 비양도는 시기를 달리하는 두 차례의 스코리어scoria 분출에 의해 형성된 분석구이다. 비양도의 생성 시기를 두고 일각에서는 『고려사』 권55 「오행지」에 "목종 5년(1002)에 일어난 제주도의 화산 폭발로 비양도가 형성되었다."라는 기록을 근거로 비양도가 서기 1002년에 형성되었다고 주장하기도 하는데, 이는 옳지 않다.

　　비양도는 보통 물이 없는 환경에서 강력한 마그마의 분출로 화산쇄설물이 쌓여 형성된 분석구이다. 만약 그 기록이 사실이라면, 1002년 당시는 현재와 같은 해수면을 유지하고 있었을 것이다. 따라서 분출된 뜨거운 마그마가 차가운 바닷물과 접촉하며 순간적으로 발생한 엄청난 폭발력으로 인해 커다란 화구가 생겨나면서 송악산과 같은 응회환이나 성산일출봉과 같은 응회구가 형성되었어야만 했다. 그렇기 때문에 비양도가 바다에서 분출한 화산섬이라는 주장은 지질학적으로 설명이 불가하다.

비양도 암석의 연대 측정 결과, 3만~2만 7,000년 전 형성된 것으로 조사되었다. 비양도는 3만~2만 7,000년 전 육지환경에서 화산 분출로 형성된 이후, 마지막 빙하기가 끝나고 해수면의 상승으로 현재의 해수면을 유지하게 된 약 6,000년 전 바다에 잠겨 섬을 이루게 된 것이다.

둘레 3.5km의 비양도 해안선을 따라 돌다 보면 화산 폭발에 의해 날아와 떨어진 승용차 크기의 화산탄을 비롯하여 다양한 기암들이 발견되는데, 이를 통해 강력한 화산 활동이 있었음을 짐작할 수 있다. 그 가운데 비양도선착장에서 동쪽 500m 부근의 해안에는 마치 굴뚝처럼 우뚝 솟아 있는 높이 약 8m, 둘레 약 3m 정도의 바위 하나가 눈에 들어온다. 갓난아이를 등에 업고 서 있는 모습과 같다고 하여 '애기업은돌'이라 부르는데, 그 앞에서 치성을 드리면 아들을 낳는다는 속설이 있다.

이 바위는 용암에 있던 휘발성분의 가스가 폭발하면서 거품현상을 일으키며 용암 물질이 화구 주변에 쌓여 넓이에 비해 높이가 높은 굴뚝 모양의 화산체가 만들어진 것으로, 호니토hornito라고 부른다. 호니토는 이곳 비양도에서만 볼 수 있는 특이한 화산지형으로 학술적 가치가 크다.

두 차례 분출로 형성된 분석구 비양도

비양도에서만 볼 수 있는 특이 화산지형, 호니토

제440호

# 정선 백복령 카르스트지대

**분류:** 자연유산/천연기념물/지구과학기념물/지질지형  **시대명:** 고생대(신생대 제4기)
**지정일:** 2004-04-09  **소재지:** 강원특별자치도 정선군  **면적:** 543,000m

강원도 정선 백복령 부근 돌리네

백두대간이 통과하는 강원도 정선군 임계면 직원리와 가목리 백복령 부근
에는 마치 폭격을 맞은 듯 3~5m 깊이로 움푹 파인 사발 모양의 와지窪地들
이 좁은 지역에 밀집하여 특이한 경관을 이룬다. 특히 가목리 북쪽 능선 주위
에 50여 개가 집중하여 발달하였는데, 어떤 이들은 이를 두고 6·25전쟁 당
시 항공기 폭격에 의해 형성되었다고 말한다. 이는 석회암이 용식작용에 의
해 자연적으로 형성된 돌리네doline라는 카르스트지형이다.

용식 돌리네

함몰 돌리네

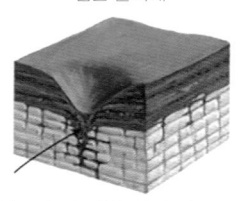

침윤 돌리네

중심부의 싱크홀을 통해
지하수가 아래로 이동하
면서 석회암을 용식하여
생성된다.

지하에 생성된 석회동굴이
중력에 의해 무너져 함몰되
어 생성된다.

중심부의 싱크홀을 통해 지
표면의 토양물질이 빠르게
지하로 빠져나가면서 함몰
되어 생성된다.

돌리네의 종류

　돌리네는 가장 흔히 볼 수 있는 카르스트지형으로, 지하에 동굴이 형성되어 지표를 흐르던 물이 지하로 빠져나가면서 지표를 깎아내어 생성된 깔때기 모양의 커다란 웅덩이 지형을 말한다. 돌리네 중앙에는 주로 물이 지하로 빠져나가는 싱크홀sinkhole이라는 배수구가 있다. 평면 형태는 원형 내지 타원형이며, 폭은 수m의 작은 규모에서 수십m까지 발달한다. 돌리네는 위와 같이 석회암이 녹으면서 형성되기도 하지만, 지하에 동굴이 있을 때 동굴 내의 암석이 붕괴되어 생성되기도 한다. 돌리네의 성장이 계속되면 인접한 다른 돌리네와 결합하여 생기는 더 큰 형태의 와지인 우발라uvala를 형성한다.

　돌리네는 주로 경작지로 이용되며, 관서 지방에서는 '덕', 강원도 평창군 대화에서는 '구단', 삼척에서는 '움밭', 충북 단양에서는 '못밭'으로 곳에 따라 불리는 이름이 각각 다르다. 이곳 백복령 일대는 산간 오지로 일반인의 접근이 쉽지 않아 자연상태 그대로를 유지하고 있다. 이런 이유로 이곳은 지형적, 지질학적 가치뿐만 아니라 자연경관적 가치 또한 매우 큰 곳으로 평가되어 백복령 부근 6,040m$^2$ 일대의 카르스트지형이 천연기념물로 지정되어 보호, 관리되고 있다.

제443호

# 제주 중문·대포해안 주상절리대

**분류**: 자연유산/천연기념물/지구과학기념물/지질지형  **시대명**: 신생대 제4기  **지정일**: 2005-01-06
**소재지**: 제주특별자치도 서귀포시  **면적**: 380,968㎡

제주 중문·대포해안 주상절리대

　제주도 서귀포시 대포동 '지삿개'라 불리는 해안에는 5~6각형 모양으로
겹겹이 쌓인 30~40m 높이의 돌기둥들이 약 1.75km의 해안선을 따라 병풍
처럼 드리워져 장관을 이룬다. 우리나라 최대 규모를 자랑하는 주상절리대
이다.

　주상절리는 용암이 비교적 빨리 식는 환경에서 잘 만들어진다. 초기에 지
표로 분출한 뜨겁고 부피가 팽창된 용암이 대기 중에 서서히 냉각되면서 수

해풍과 파랑에 의한 침식을 받는 주상절리대

분과 가스가 빠져나가 점차 수축하게 된다. 가뭄 때 점토질 논바닥의 수분이
증발되면서 논바닥이 거북등 같이 갈라지는 것처럼 용암의 표면도 갈라진
다. 이때 용암 내부의 중심점을 향해 같은 힘이 고르게 전달되면서 같은 속도
로 냉각되면 5~6각형의 균열이 일어나 주상절리가 형성된다.

　이후 이런 수직 방향의 틈과 절리면을 따라 비나 눈 등의 수분이 침투하여
얼고 녹기를 반복하면서 점차 바위의 틈이 넓어진다. 벌어진 틈과 틈 사이로
침식과 풍화가 계속 활발하게 이루어져 결국은 바위 덩어리들이 하나둘씩
떨어져 나가며 높이가 다른 지금의 돌기둥들이 생겨난 것이다.

　대포동의 주상절리대를 이루고 있는 용암은 약 25만 년 전 한라산 남서쪽
해발 약 530m에 위치한 녹하지악鹿下旨岳(옛날 한라산에 사슴이 많이 서식할 때
겨울이 되면 사슴들이 이곳에 무리로 내려와 살았다고 하여 명명됨) 분석구에서 분
출하여 이곳까지 이동하여 쌓인 것이다.

　대포동 주상절리대는 절리의 생성 원인과 과정, 발달 모양과 해식작용을
연구하는 데 학술적 가치가 크며, 2010년 세계지질공원으로 지정되었다. 이
후 뒤늦게 2012년 국가지질공원으로 인증되었다.

제444호

# 제주 선흘리 거문오름

**분류**: 자연유산/천연기념물/지구과학기념물/지질지형 **시대명**: 신생대 제4기 **지정일**: 2005-01-06
**소재지**: 제주특별자치도 제주시 **면적**: 2,109,410㎡

용암동굴계를 배태한 거문오름

  오름은 '산' 또는 '봉우리'를 뜻하는 제주도 방언으로 한라산 산록에 발달한
386개의 측화산(기생화산)을 말한다. 거문오름은 제주시 조천읍 선흘리와 구
좌읍 송당리 경계지대에 발달한 분석구로, 돌과 흙이 검은색이며 숲이 우거
져 어두운 기운을 띠고 있는 데서 명칭이 유래되었다.

  오름은 대부분 분석구의 형태를 띠고 있다. 제주도 한가운데 있는 한라산
의 정상 분화구가 용암 분출이 멈춘 후 화도가 굳어 버리면 산기슭의 갈라진

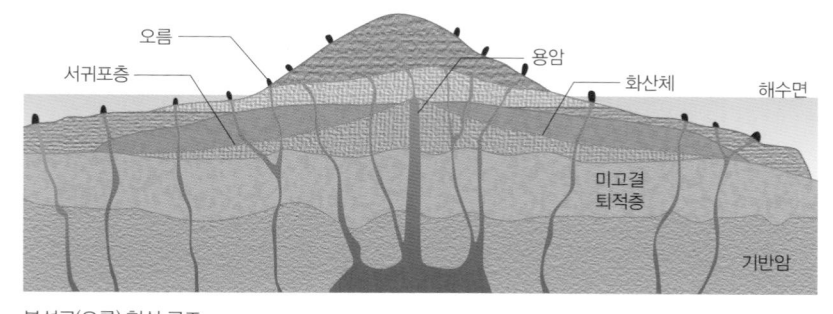

분석구(오름) 형성 구조

오름은 중심 화도가 고화되어 분출구가 막혀 지각의 갈라진 틈을 타고 산록 등 기타 지역으로 분출하여 화산쇄설물이 쌓여 형성된 화산체로 대부분 분석구의 형태를 띤다. 일부는 해저에서 분출하여 송악산의 응회환이나 성산일출봉의 응회구와 같은 특수한 형태를 띠기도 한다.

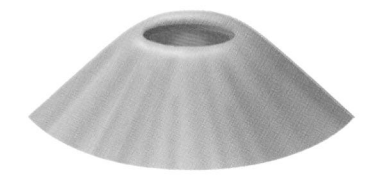

1. 강력한 화산 분출로 인하여 화산쇄설물이 쌓여 원뿔 모양의 분석구 생겨난 이후, 용암이 분출하여 분화구가 용암으로 채워진다.

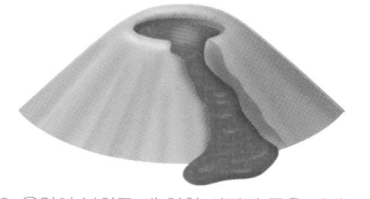

2. 용암이 분화구 내 약한 사면의 틈을 따라 흐르면서 가벼운 스코리어로 구성된 분석구는 쉽게 무너지며 용암이 흐르기 시작한다.

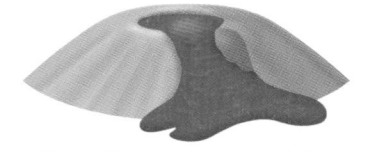

3. 용암이 더 많이 흐르면서 분석구 사면의 붕괴가 가속화되면 사면의 한쪽이 완전히 소실되어 말발굽형의 분석구가 된다.

말발굽형 및 초승달형 분석구(오름) 형성 과정

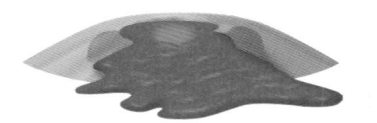

4. 더 많은 용암이 흐르면서 사면의 붕괴를 광범위하게 이끌면 분석구 반절 이상의 사면이 붕괴되어 초승달 모양의 분석구가 된다.

지층과 균열선을 통해 용암이 폭발식 분화를 하는데, 이때 화산쇄설물들이 분화구 주변에 쌓여 생성된 것이다.

그 가운데 특히 거문오름이 주목받는 이유는 거문오름에서 분출된 다량의 현무암질 용암류가 북동쪽으로 지표면의 경사를 따라 해안까지 약 17km가량 흘러가면서 20여 개의 용암동굴들을 만들어 낸 근원지이기 때문이다. 거문오름은 약 30만~10만 년 전 강력한 분화로 인해 막대한 양의 용암이 흘러나왔는데, 강한 충격으로 북동쪽 산 사면이 터져 나갔다. 오름의 형태가 북동쪽 방향으로 말발굽형을 띠고 있는 것은 바로 이것 때문이다.

거문오름 가까이 있는 선흘수직동굴, 뱅뒤굴, 만장굴, 김녕굴, 용천동굴, 당처물동굴 순으로 거의 직선으로 이어지는 많은 동굴의 원인이 된 거문오름은 동굴들과 함께 거문오름 용암동굴계라고 통칭된다. 2007년에는 국내 최초로 거문오름 용암동굴계란 이름으로 유네스코 세계자연유산으로 등재되었다.

거문오름 서편에 위치한 제주세계자연유산센터에는 거문오름, 용암동굴의 형성 과정과 제주도와 분석구의 형성 과정, 원리 등을 살펴볼 수 있는 자료들이 마련되어 들러볼 필요가 있다. 거문오름은 환경보호를 위해 1일 450명으로 방문객 수가 정해져 있어서 사전 예약을 해야만 입장 가능하다.

제465호

# 무등산 주상절리대

**분류**: 자연유산/천연기념물/지구과학기념물/지질지형 **시대명**: 중생대 백악기 **지정일**: 2005-12-16
**소재지**: 광주광역시 동구 **면적**: 107,800㎡

중생대 화산암으로 만들어진 광주 무등산 입석대 주상절리

장불재에서 바라본 서석대

  광주광역시의 진산鎭山, 무등산은 부드럽고 완만한 능선으로 이어지는 토
산土山의 형태를 띠고 있다. 그런데 정상부 능선 곳곳에는 다른 산에서는 찾
아보기 힘든 거대한 수직 기암들이 군데군데 모여 있어 특이한 경관을 이룬
다. 특히 정상 천왕봉(1,186m), 장불재(900m) 사이에 있는 서석대(1,123m)와
입석대(1,017m) 두 곳에 집중한 수직 기암들은 거대한 병풍을 둘러쳐 놓은 듯
장관을 이룬다.

  높이 10~18m의 서석대와 입석대의 5~6각형의 암석 기둥들은 제주 중
문·대포동해안에 발달한 주상절리대와 동일한 과정을 통해 만들어졌다. 지
표로 분출한 뜨거운 용암이 대기 속으로 열을 뺏기며 굳고, 지표면과 접촉한
용암의 하단부 또한 열을 뺏기며 굳는다. 이때 가뭄으로 논바닥이 갈라지듯
이 용암의 중심부를 향해 등질적인 수축이 일어나 5~6각형의 패턴을 띠며
균열이 발생한다. 이렇게 냉각되어 형성된 것이 주상절리대이며, 균열선을
따라 물과 얼음이 들어가 침식과 풍화을 가하여 결국 암석들이 분리되어 떨
어져 나가 지금의 암석 기둥들이 형성된 것이다.

입석대

　무등산 입석대와 서석대의 주상절리대 암석들은 중생대 백악기 9000만
~8000만 년 전 사이에 분출한 용암이 굳어 형성된 석영질 안산암이다. 국내
중생대의 화산 활동으로 형성된 화산암은 그 형성 시기가 오래되어 대부분
침식과 풍화를 받아 깎여나가 현재는 찾아보기가 어렵다. 그런데 특이하게
도 무등산 주상절리대의 화산암이 남아 있을 수 있었던 이유는 치밀하고 단
단한 석영질 안산암이어서 침식을 견뎌낼 수 있었기 때문이다.

　무등산 주상절리대는 국내 찾아보기 어려운 중생대에 분출한 화산암이라
는 학술적 가치와 경관 또한 수려하여 2014년 국가지질공원으로 지정되었
다. 2018년에는 우리나라에서 3번째로 세계지질공원으로 인증되어 자연사
적 가치를 세계적으로 인정받게 되었다.

제475호

# 고성 계승사 백악기 퇴적구조

**분류:** 자연유산/천연기념물/지구과학기념물/지질지형 **시대명:** 중생대 백악기 **지정일:** 2006-12-05
**소재지:** 경상남도 고성군 **면적:** 8,046m

고성 계승사

경상남도 고성군 영현면 대법리에 위치한 계승사 영내에는 중생대 백악기 호수환경에서 퇴적된 경상누층군 진동층에서 층리, 물결자국, 빗방울자국 등과 같은 퇴적구조와 함께 공룡발자국 화석 등이 산출되고 있다.

진동층은 암회색 사암과 셰일로 구성되어 있는데, 대웅전 옆에 노출된 층 리면에는 가로 약 14m, 세로 약 7m 크기의 선명한 물결자국이 산출된다. 물 결자국은 바람이나 물의 움직임에 의해 퇴적물의 표면에 형성되는 파상의

백악기 퇴적층

빗방울자국

공룡발자국 화석(출처: 국가유산청)

흔적으로, 보통 이질(진흙)과 사질(모래)로 이루어진 얕은 수심의 호수 환경에서 만들어진다.

빗방울자국은 물결자국이 산출되는 지층의 상위 층준에서 선명하고 넓게 산출된다. 빗방울 자국은 220×220cm 범위에서 100개/100m²의 밀도로 산출되는데, 퇴적 당시 일시 건조했던 기후환경을 말해 준다.

물결자국과 빗방울자국 등과 같은 퇴적구조가 발견된 상부 지층에서는 용각류의 발자국 7개가 발견되었는데, 이 발자국 바로 옆에는 선명하지 않으나 수각류 발자국으로 추정되는 흔적이 6개가 관찰된다. 고성 계승사 백악기 퇴적구조는 퇴적층의 고환경을 연구할 수 있는 중요한 자료이다.

제500호

# 목포 갓바위 풍화혈

**분류**: 자연유산/천연기념물/지구과학기념물/지질지형 **시대명**: 신생대 제4기 **지정일**: 2009-04-27
**소재지**: 전라남도 목포시 **면적**: 1,179m

염풍화와 파랑 침식에 의해 형성된 목포 갓바위

전라남도 목포시 용해동 영산강과 바다가 만나는 하구에는 SF영화에 나올
법한 괴상하고도 기이하게 생긴 바위 한쌍이 있다. 그 모습이 마치 갓을 쓰고
있는 사람과 유사하여 갓바위라고 부른다. 갓바위 이외에도 벌집 모양의 기
하학적 문양을 한 바위들이 곳곳에서 발견되고 있다.

갓바위는 암석이 침식과 풍화를 받아 형성된 풍화혈風化穴로, 지형학 용어로 '타포니tafoni'라고 하며, 보통 암벽에 벌집처럼 오밀조밀 모여 파인 구멍을 가리킨다. 풍화혈은 보통 사암, 석회암, 화강암에 많이 나타나는데, 갓바위의 암질은 중생대 백악기 약 8500만~8000만 년 전 분화한 화산재가 쌓여 형성된 응회암이다. 암석의 갈라진 틈으로 스며든 수분에 의해 부피가 팽창하고 또 얼고 녹기를 반복하면서 점차 물리적 압력이 증가하여 암석이 분해되어 풍화혈이 생성된다. 이런 과정이 지속적으로 반복되면서 풍화혈이 점차 넓어진다.

해안에 위치하여 파랑에 의한 침식도 암석의 분해를 촉진시키는 역할을 하였으며, 바닷물의 소금 성분 또한 암석의 분해를 촉진시키는 결정적인 역할을 하였다. 암석에 발달한 절리와 광물 입자의 경계를 따라 침투한 바닷물의 염분이 쌓여 결정을 이루며 성장한다. 이때 결정성장結晶成長에 의한 압력으로 암석의 절리면이 점차 벌어지며 붕괴되고, 암석이 열을 받으면 암석에 포함된 염류 또한 열팽창에 의해 암석의 풍화가 가속화된다.

갓바위 일대의 해안가를 따라 응회암에 발달한 수많은 타포니들은 초기에는 갈라진 작은 틈과 탁구공에서 야구공 크기의 작은 구멍들이 여러 개 발달하면서 시작한다. 이후 구멍 안으로 바닷물이 침투하여 수분과 염분에 의한 팽창, 그리고 파랑에 의한 지속적인 침식과 풍화가 지속되어 지금처럼 벌집 모양과 갓바위 모양을 이루었으며 지금도 계속 성장하고 있다.

제501호

# 군산 말도 습곡구조

**분류:** 자연유산/천연기념물/지구과학기념물/지질지형 **시대명:** 선캄브리아기 **지정일:** 2009-06-09
**소재지:** 전라북도 군산시 **면적:** 16,191m

군산 말도 습곡구조(출처: 국가유산청)

　　전라북도 군산시 옥도면 말도 남동부 해안에는 선캄브리아기 담갈색의 규암과 이에 협재한 암회색 천매암으로 이루어진 특이한 습곡구조가 산출된다. 습곡구조가 발달한 암석은 대부분 심한 변성작용을 받아 원래의 퇴적구조가 남아 있는 경우가 드문 편이지만, 말도의 선캄브리아기 지층은 심한 변성과 변형 작용에도 불구하고 연흔과 사층리 등의 퇴적구조를 그대로 간직하고 있다.

연흔 퇴적구조

군산 말도 습곡구조
(출처: 국가유산청)

　군산 말도의 습곡들은 대체로 동서 방향의 습곡축을 지니며, 적어도 3회에
걸친 습곡작용과 이에 수반된 다양한 양상의 지질구조들이 좁은 범위의 노
두에서 관찰되고 있다. 그러나 해안을 따라 발달된 해식절벽에 노출되어 있
어서 도보로 접근이 어려워 소형 선박을 이용해야만 접근이 가능하다.

　군산 말도에는 습곡작용과 이에 수반되는 다양한 지질구조들이 함께 산
출된다. 그중에는 국내에서 보기 힘든 희귀한 층상 습곡과 여러 단계에 걸쳐
만들어진 중첩된 습곡 등도 포함되어 있으며, 보존상태도 매우 양호하다. 이
러한 점들이 국내 여타 지역의 선캄브리아기 지층과 구별되는 중요한 특징
이다.

제507호

# 옹진 백령도 남포리 습곡구조

**분류:** 자연유산/천연기념물/지구과학기념물/지질지형 **시대명:** 원생대 **지정일:** 2009-11-10
**소재지:** 인천광역시 옹진군 **면적:** 79,998m

옹진 백령도 남포리 습곡구조

　인천광역시 옹진군 백령도 남포리 장촌포구에서 서쪽 해안 약 300m 지점
인 용트림바위 바로 건너편 해안절벽에는 높이 약 50m, 길이 약 80m의 거
대한 습곡구조가 발달해 있다. 남포리 습곡구조는 선캄브리아기 백령층군
장촌층 사암과 이암이 변성을 받아 형성된 담황갈색 규암과 회색의 천매암
으로 구성되어 있으며, 이곳 노두 주변에서 사층리와 연흔 등이 관찰되는 것
으로 보아 비교적 얕은 수심에서 형성되었다는 것을 알 수 있다.

남포리 습곡구조

용트림바위

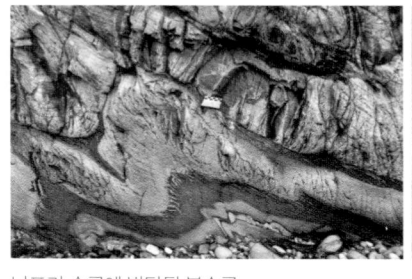
남포리 습곡에 발달된 복습곡

남포리 습곡의 복습곡에 발달된 벽개구조

남포리 습곡구조는 지각변동에 의해 지층이 휘는 지질 현상이다. 이암으로 이루어진 장촌층이 쌓인 후 그 위에 사암으로 이루어진 두무진층이 두껍게 쌓인다. 이후 지하 깊은 곳에서 서서히 암석화되는 과정을 거쳐 고생대 말에서 중생대 초 전 세계적으로 일어난 지각변동을 받아 사암은 규암으로, 이질암은 천매암 등으로 변성된다. 이 과정에서 심한 횡압력을 받아 습곡과 단층이 생긴 다음 서서히 지각이 융기되어 풍화와 침식을 받아 지표에 노출된 것이다.

남포리 습곡구조의 노두 하단부 미세한 구조를 자세히 살펴보면, 배사구조의 좌측 날개에는 Z형 기생습곡이, 우측 날개에는 S형 기생습곡이 발달했음을 알 수 있다. 그리고 물성物性이 강한 규암과 상대적으로 약한 천매암이 습곡화되면서 생긴 지층 두께의 변화, 엽리의 배열과 규암과 천매암 경계에서 굴절되는 형상 등을 관찰할 수 있다.

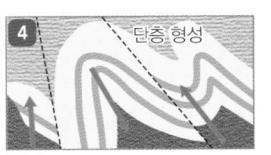

| 1 퇴적 | 2 퇴적암 생성 | 3 습곡 형성 |
|---|---|---|
| 원생대 후기 바다에 퇴적물 퇴적 | 지각의 침강으로 두꺼운 퇴적암 형성 | 퇴적암이 지각변동을 받아 퇴적암이 변성되고 습곡 형성 |

| 4 단층 형성 | 5 2차 단층형성 | 6 침식작용 융기 |
|---|---|---|
| 습곡된 암석이 지각변동에 의해 단층 형성 | 계속된 지각변동으로 2차 단층이 형성 | 지각 융기 후 침식되어 현재의 모습 형성 |

남포리 습곡과 단층 형성 과정 모식도

1. 원생대 후기 해저에 오랜 기간에 걸쳐 수심 변화에 따라 모래와 진흙이 교대로 쌓이기 시작하였다.
2. 오랜 기간 퇴적이 두껍게 쌓여 하중과 압력에 의해 모래는 사암으로, 진흙은 이암이 되었다.
3. 수평층을 이루던 사암과 이암의 퇴적암들이 지각변동에 의해 횡압력을 받아 지층이 S자 모양으로 크게 휘어지는 습곡이 된다.
4. 습곡된 암석층에 다시 지각변동이 가해지면서 지층이 깨지고 금이 가는 단층이 형성되었다.
5. 계속된 지각변동으로 2차 단층이 발생하여 암석층이 내려가고 올라가는 등 변화를 겪었다.
6. 지각이 융기한 후 지속적인 침식과 풍화로 인해 상부층이 제거되어 깎여나가고 지하 깊은 곳의 단층과 습곡을 받은 노두가 모습을 드러냈다.

옹진 백령도 남포리 습곡구조처럼 선명하게 드러난 큰 규모의 단층 및 습곡구조는 매우 드물다. 이것에 대한 학술적 연구는 한반도의 지각 발달사를 규명하는 데 매우 귀중한 자료를 제공하고 있으며, 2019년 백령·대청 국가지질공원 지질명소로 지정되었다.

제511호

# 태안 내파수도 해안 자갈톱

**분류**: 자연유산/천연기념물/지구과학기념물/지질지형　**시대명**: 신생대 제4기　**지정일**: 2009-12-11
**소재지**: 충청남도 태안군　**면적**: 47,533㎡

국내 유일의 내파수도 자갈톱(출처: 국가유산청)

　충청남도 태안군 안면도 안면읍 소재지에서 남서쪽으로 약 10km 떨어진 해상에 내파수도라는 무인도가 있다. 내파수도는 조선시대 중국 선박들이 우리나라를 오갈 때 폭풍을 피하거나 식수를 공급하기 위해 정박했던 작은 섬이다.

　일반적으로 해안에서는 파랑과 연안류에 의한 모래의 퇴적작용으로 해안의 돌출부로부터 바다 가운데로 길게 뻗어나간 새부리 모양의 모래톱인

측면에서 바라본 내파수도 해안지형(출처: 국가유산청)

사취砂嘴 지형이 발달한다. 그런데 특이하게도 내파수도 동쪽에는 국내에서 유일하게 모래가 아닌 자갈이 쌓여 형성된 폭 약 30m, 길이 약 300m 크기의 자갈톱인 역취礫嘴가 발달하여 주목받고 있다.

보통 자갈톱의 자갈은 원마도가 그리 높지 않지만, 내파수도 자갈톱의 자갈은 원마도가 높은 둥근 공 형태를 띠며, 분급sorting 또한 매우 양호하다는 점이 특이하다. 자갈은 대부분 선캄브리아기 생성된 규암과 편암 등의 단단한 암석으로 이루어져 있다. 해안절벽에서 떨어져 나와 바다로 공급된 이후 겨울철 북서풍의 영향으로 형성된 강한 파랑과 해류에 밀려 섬 동쪽으로 이동하면서 마식되어 원마도가 양호하다. 마치 방파제처럼 길게 쌓여 형성된 자갈톱은 국내외에서 찾아보기 어려운 특이 해안지형으로, 해안지형 연구에 학술적 가치가 크고 경관 또한 뛰어나다.

제513호

# 제주 수월봉 화산쇄설층

**분류:** 자연유산/천연기념물/지구과학기념물/지질지형 **시대명:** 신생대 제4기 **지정일:** 2009-12-11
**소재지:** 제주특별자치도 제주시 **면적:** 211,011㎡

수성화산체 수월봉

　제주시 한경면 고산리 바닷가의 수월봉은 제주도의 하루가 저무는 낙조
풍광의 최적 탐방지로 많은 사람들이 찾고 있다. 수월봉水月峯이란 이름에서
알 수 있듯이 이곳 해안절벽에서 샘물이 많이 나온다고 하며, '녹고물오름',
'무니리오름'이라고도 부른다.

　수월봉(약 77m) 아래 약 2.5km의 해안절벽은 마치 수만 권의 책을 쌓아 놓
은 듯한 퇴적기암이 발달하였는데, 이는 화산재와 화산쇄설물이 쌓여 형성

수월봉 탄낭구조

된 응회암층이다. 응회암층 곳곳에서는 화산 폭발력에 의해 공중으로 날아
간 다량의 화산력이 응회암층에 떨어져 박힌 탄낭구조bedding sag가 발견된
다. 응회암층의 두께가 수십m가 넘는 것으로 보아 이곳 일대에서 강력하면
서도 거대한 화산 분출이 있었음을 알 수 있다. 최후 빙기가 고조에 달했을
약 18,000년 전 분출한 마그마가 지하에서 물과 만나 형성된 수중화산체로
서 응회환에 속한다.

　수월봉 응회환의 중심 분화구는 수월봉과 앞바다에 떠 있는 차귀도 사이
의 바다 한가운데일 것으로 추정된다. 수중분화로 수월봉 응회환이 형성된
이후 오랫동안 해수와 해풍에 의해 침식과 삭박을 받았다. 응회환의 북서쪽
대부분은 깎여나가고 현재는 육지에 접한 남동쪽 일부만이 남았는데, 그 정

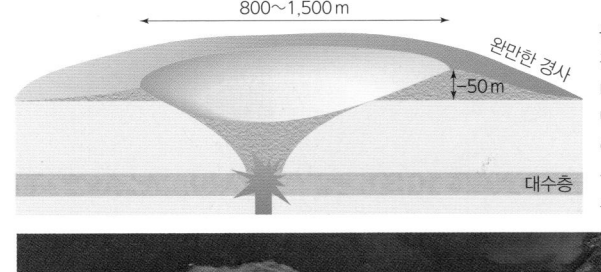

800~1,500 m

완만한 경사

~50 m

대수층

**응회환 생성 구조**
강력한 분화로 인해 뜨거운 마그마가 차가운 바닷물과 만나 폭렬하면서 지각물질이 하늘 높이 솟았다가 쇄설물질들이 쌓이면서 응회환이 형성되었다.

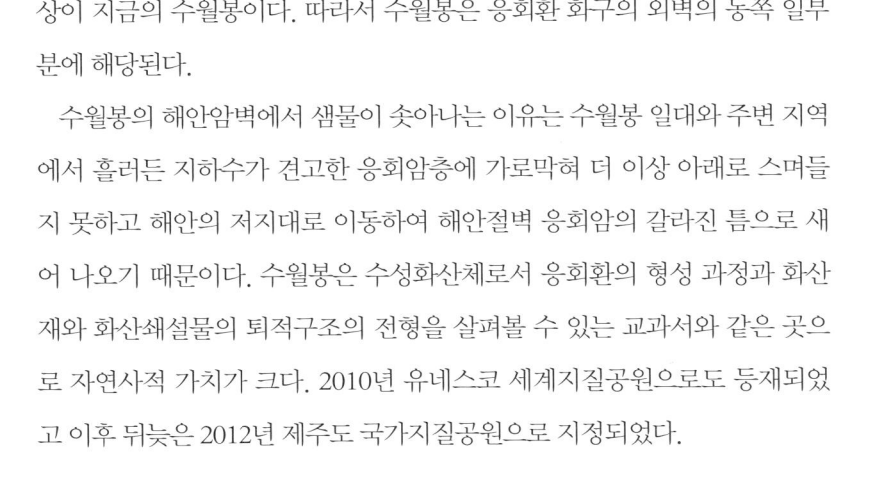

화산체의 범위

분화구 중심

상이 지금의 수월봉이다. 따라서 수월봉은 응회환 화구의 외벽의 동쪽 일부분에 해당된다.

수월봉의 해안암벽에서 샘물이 솟아나는 이유는 수월봉 일대와 주변 지역에서 흘러든 지하수가 견고한 응회암층에 가로막혀 더 이상 아래로 스며들지 못하고 해안의 저지대로 이동하여 해안절벽 응회암의 갈라진 틈으로 새어 나오기 때문이다. 수월봉은 수성화산체로서 응회환의 형성 과정과 화산재와 화산쇄설물의 퇴적구조의 전형을 살펴볼 수 있는 교과서와 같은 곳으로 자연사적 가치가 크다. 2010년 유네스코 세계지질공원으로도 등재되었고 이후 뒤늦은 2012년 제주도 국가지질공원으로 지정되었다.

제525호

# 신안 작은대섬 응회암과 화산성구조

**분류**: 자연유산/천연기념물/지구과학기념물/지질지형 **시대명**: 중생대 백악기 **지정일**: 2011-01-13
**소재지**: 전라남도 신안군 **면적**: 8,421m

신안 작은대섬 응회암과 화산성구조(출처: 국가유산청)

　전라남도 신안군 비금면 남서쪽에 위치한 작은대섬에는 중생대 백악기 말 한반도 남부에서 화산 활동으로 인해 생성된 특이한 경관이 주목받고 있다.

　이 화산구조는 유천층군의 응회암으로 구성되어 있다. 응회암은 크기 2~4mm 이하의 가는 입자의 화산쇄설물 파편이 고결되어 형성된 암석으로, 짧은 시간에 형성되고 넓은 범위에 걸쳐서 거의 균등한 특징을 나타내기 때문에 층서학적으로 중요하다. 신안 작은대섬 응회암에는 암석이 형성된 후

신안 작은대섬 응회암과 화산성
구조(출처: 국가유산청)

해수의 염분 등에 의해 기계적 풍화가 진행되어 타포니와 그물 모양의 가는
암맥 등이 잘 보존되어 있다. 특히 신안 작은대섬 응회암에는 화산쇄설물이
냉각되면서 생긴 절리와 그 빈자리를 채운 응회암, 물결무늬 유문암 등 다양
한 구조가 발달하였다.

제526호

# 제주 사계리 용머리 화산쇄설층

**분류:** 자연유산/천연기념물/지구과학기념물/지질지형 **시대명:** 신생대 제4기 **지정일:** 2011-01-13
**소재지:** 제주특별자치도 서귀포시 **면적:** 51,132㎡

3차 화산 분출로 형성된 응회환

제주도 남서쪽 서귀포시 안덕면 사계리 해안에는 거대한 용암원정구인 산방산이 있다. 산방산 바로 아래 해안에는 수월봉 화산쇄설층과 맞먹는 거대한 응회암의 해식절벽이 발달하였는데, 그 모습이 마치 용이 머리를 틀고 바다로 내려가는 모습과 흡사하다고 하여 용머리해안이라고 부른다. 용머리해안은 산방산을 찾은 사람이면 반드시 들르는 필수 코스이다.

산방산에서 바라본 용머리해안

　용머리해안의 기암절벽 퇴적층 곳곳에는 화산력들이 날아와 떨어진 탄낭 구조가 목격되어 과거 이곳 일대에서 버섯구름 같은 화산재가 하늘 높이 솟아오를 정도로 강력한 화산 분출이 있었음을 알 수 있다. 과거 70만 년 전 초기 용머리해안의 얕은 바다에서 뜨거운 마그마가 차가운 바닷물과 만나 폭렬하면서 거대한 응회환(용머리 응회환)이 형성되었다.

　그런데 용머리 응회환의 화도에서 마그마가 분출되면서 불안정한 퇴적층 지반을 뚫고 올라오던 화도가 3차례씩이나 자리를 바꿔가며 폭발하여 독특한 모양의 응회환이 형성되었다. 약 70만 년 전 해안에서 강력한 화산이 분출하였는데, 첫 번째 강력한 화산 분출로 퇴적층이 연약해지고 불안정해지면서 이어 화도의 자리를 바꿔 가며 두 차례 더 화산이 분출하였다.

　이후 용머리 응회환은 해수면 변동과 지반의 융기와 침강이 반복되면서 오랜 기간 침식을 받았다. 용머리 응회환의 중심 분화구는 현재 물에 잠긴 상태이며, 해안 탐방로를 따라 이어진 용머리해안 퇴적층은 용머리 응회환의

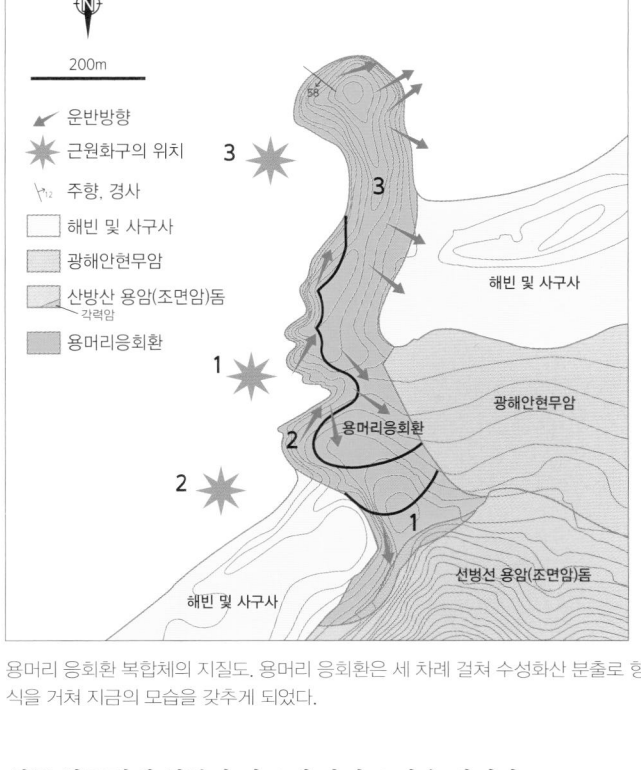

용머리 응회환 복합체의 지질도. 용머리 응회환은 세 차례 걸쳐 수성화산 분출로 형성된 이후 오랜 침식을 거쳐 지금의 모습을 갖추게 되었다.

왼쪽 화구벽의 일부가 파도에 깎이고 남은 것이다.

용머리해안은 뛰어난 경관뿐만 아니라 제주도의 다른 화산지형에 비해 아주 오래된 지형이고 분화구가 이동하며 생성된 독특한 수성 분출로 지형·지질학적 가치가 매우 크다. 2010년 유네스코 세계지질공원으로도 등재되었다. 이후 뒤늦은 2012년 제주도 국가지질공원으로 지정되었다. 또한 우리나라의 존재를 서방에 최초로 알린 책인 『하멜 표류기』의 저자인 네덜란드 선원 하멜이 표류하여 당도했던 곳이기도 하다.

제527호

# 의성 빙계리 얼음골

**분류**: 자연유산/천연기념물/지구과학기념물/지질지형  **시대명**: 신생대 제4기  **지정일**: 2011-01-13
**소재지**: 경상북도 의성군  **면적**: 101,158㎡

의성 빙계리 얼음골(출처: 국가유산청)

　경상북도 의성군 춘산면 빙계리 서쪽 끝단에 있는 얼음골에서는 경상남도 밀양시 남명리 얼음골에서와 같이 여름철에는 얼음이 어는 빙혈과 차가운 바람이, 겨울철에는 훈훈한 바람이 부는 풍혈 현상이 나타나고 있다. 이러한 현상은 빙산(367m) 남쪽 사면 기슭에 쌓인 암석의 너덜겅지대에서 나타나는데, 이곳 일대의 지명인 빙산, 빙계리氷溪里와 빙산사지氷山寺地, 빙계계곡 등은 모두 이 얼음골에서 유래된 것이다.

『세종실록지리지』경상도 안동대도호부 의성현편에 "입하立夏 후에 얼음이 얼고 더우면 얼음이 녹는 게 아니라 반대로 더 단단하게 굳는다. 봄·가을에는 춥지도 아니하고 덥지도 아니하며, 겨울에는 따스한 기운이 봄과 같다."라고 기록된 것으로 보아 조선 전기부터 이미 이러한 현상을 알고 있었을 것이다.

서원마을 얼음골 초입에서 등산로를 따라 약 2km에 걸쳐 펼쳐친 너덜겅지대 곳곳에서 크고 작은 빙혈 현상과 풍혈 현상이 나타난다. 이곳 너덜겅지대의 암석 또한 밀양 남명리 얼음골을 가득 채운 암석과 마찬가지로 중생대 백악기 화산 활동에 의해 생성된 유문암과 안산암이다. 그리고 생성 과정과 원리 또한 같다. 수직 암벽에서 떨어져나와 쌓인 애추로, 과거 약 10만~1만 년 전 사이 주빙하기후 환경에서 낮과 밤이 반복되면서 암석의 팽창과 수축에 따른 기계적 풍화작용에 의해 생성된 것이다.

다만 밀양 남명리 얼음골과는 달리 식생이 조밀하게 자라고 있어 여름철에는 애추를 식별하기 어렵다. 의성 빙계리 얼음골 또한 일반적 지형에서 볼 수 없는, 계절의 시계가 거꾸로 돌아가는 신비한 자연 현상이 나타나는 곳으로 학술적 가치가 뛰어나다.

제528호

# 밀양 만어산 암괴류

**분류:** 자연유산/천연기념물/지구과학기념물/지질지형 **시대명:** 신생대 제4기 **지정일:** 2011-01-13
**소재지:** 경상남도 밀양시 **면적:** 115,149㎡

기후지형학적 가치가 큰 밀양 만어산 암괴류

경상남도 밀양시 삼랑진읍 용전리 만어산(669.4m) 중턱에 자리 잡은 만어사 앞쪽 해발고도 300~500m의 산비탈에는 거대한 암석 덩어리들이 남서방향으로 폭 40~120m, 총길이 약 700m가량 이어져 특이한 경관을 이룬다. 이곳 또한 마치 돌이 강처럼 흐르는 돌강, 너덜겅지대로, 달성 비슬산의 암괴류와 동일한 지형이다.

만어산의 암괴류를 구성하는 암석은 신생대 제3기 초 6500만 년 전 관입한 화강암으로, 달성 비슬산 암괴류와 동일한 과정을 거쳐 생성되었다. 암괴

종석너덜로 불리는 만어산 암괴류

류는 현재의 기후가 아닌 과거의 기후환경에서 형성된 지형이다. 200만 년 전 이전 온난다습했던 기후에서 많은 비로 인한 화강암의 지중풍화가 진행되었으며, 최종빙기 약 10만 년 전 이후 주빙하기후 환경에서 토양의 솔리플럭션과 동상포행이 오랫동안 지속되어 형성되었다. 암괴류가 지표에 모습을 드러낸 것은 약 3만 년 전경으로 알려졌다.

만어산 암괴류 인근 곳곳에는 땅속에서 수직과 수평 방향의 절리가 만나는 모퉁이에 풍화가 집중되어 둥근 핵석과 새프롤라이트saprolite(땅속의 단단한 암석이 풍화되어 생기는 풍화토)가 만들어지고 있음을 알 수 있다. 지표 물질이 모두 제거되면 새로운 암괴류가 생성될 것으로 예상된다.

국내 다른 지역의 암괴류와 달리 만어산 암괴류의 바위는 특이하게도 보통 세 개 가운데 하나는 두드리면 종소리 또는 목탁 소리가 나는데, 이 때문에 '종석鐘石'이라 부른다. 이러한 현상은 일단 바위 덩어리들이 밑바닥에 꽉 물려 고정된 것이 아니라 다른 바위들 사이에 가볍게 얹혀 있어서 바위가 울리기 때문에 발생한다. 악기들의 울림통이 공명통 역할을 하듯 바위들이 서로 엉킨 틈을 이용해 울림을 만들어 낸다. 그리고 바위마다 소리가 다른 것은 암석을 구성하는 철분, 알루미늄, 마그네슘 등 광물 성분의 구성비가 각각 다르기 때문이다. 만어산 암괴류는 독특한 경관뿐만 아니라 한반도 주빙하기후의 산물로 사면의 암석지형 연구에 학술적 가치가 크다.

제529호

# 양양 오색리 오색약수

**분류**: 자연유산/천연기념물/지구과학기념물/지질지형 **시대명**: 현생 **지정일**: 2011-01-13
**소재지**: 강원특별자치도 양양군 **면적**: 400㎡

양양 오색약수터

강원도 양양군 서면 오색리 설악산 주전골 입구에 있는 오색약수는 중생대 쥐라기에 관입한 화강암반으로 이루어진 오색천 계곡의 하상에서 용출되고 있다. 오색五色약수는 조선시대 1500년경 오색석사(현 성국사)의 한 스님이 최초로 발견하였으며, 오색이란 이름은 5가지의 색깔의 꽃을 피우는 신비한 나무가 자라고 있는 사찰 근처에 있다고 해서 붙여졌다는 설과 약수에서 5가지 맛이 난다고 해서 불렸다는 이야기가 전해진다.

오색약수터에는 하루에 1,500L 정도가 채수되고 있으며, 수량과 수온이 항상 일정하다. 수질은 산성과 탄산수로 철분이 많아 위장병, 빈혈증, 신경

양양 오색리 오색약수

통, 신경쇠약 등에 효과가 있다고 한다. 또한 나트륨 함량이 높아 특이한 맛과 색을 지닌다.

오색약수는 오색천 양안의 산 사면에서 토양에 침투한 빗물이 토양층과 기반암 내부를 이동하면서 암석 속에 상대적으로 많이 포함된 나트륨과 철분 성분을 용해한 후 기반의 절리면을 따라 용출되는 것으로 추정하고 있다. 국내 기반암 용출형인 약수는 극히 드문 편이다.

오색약수는 설악산 등반의 출발지 중 하나로 한계령을 넘어 양양으로 이어지는 도로변에 위치하여 연중 많은 관광객이 찾고 있다. 2006년 집중호우로 오색약수가 완전히 파괴되었지만, 현재는 복구하였다.

제530호

# 홍천 광원리 삼봉약수

**분류:** 자연유산/천연기념물/지구과학기념물/지질지형  **시대명:** 현생  **지정일:** 2011-01-13
**소재지:** 강원특별자치도 홍천군  **면적:** 150㎡

홍천 광원리 삼봉약수(출처: 국가유산청)

홍천군 내면 광원리 실론계곡에 위치한 삼봉약수는 조선시대에는 '실론약
수'라고 불렀다. 삼봉이란 이름은 각각 독특한 맛을 가진 약수가 3개의 구멍
에서 나온다고 해서, 또는 약수터의 대각선 방향에 있는 3개 봉오리(가칠봉,
응복산, 사삼봉)가 있다는 데서 유래되었다.

삼봉약수는 토양에 흡수된 물이 암설층을 통과하면서 암석의 무기물을 용

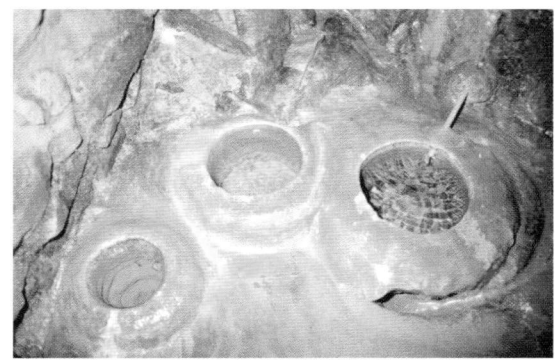

홍천 광원리 삼봉약수터
(출처: 국가유산청)

해한 후 계곡 가장자리 쪽에 있는 지름 25cm 규모의 원형 우물에서 용출된다. 철이온, 탄산이온, 다이탄산이온 등 다양한 미네랄 성분이 함유되어 톡쏘는 텁텁함과 상쾌함이 함께 느껴진다. 빈혈·당뇨·위장병·신경쇠약·피부병·신장병·신경통 등에 효과가 있다고 알려져 있다.

　삼봉약수터 일대는 전나무, 가문비나무, 주목 등의 침엽수와 박달나무 등의 활엽수가 조화를 이루는 삼림지대로, 약수터가 자리한 계곡은 천연기념물로 지정된 열목어가 서식할 정도로 깨끗하고 차가운 수질을 자랑한다. 삼봉약수는 지형 특성으로 보아 소하천의 하도 가장자리 암설층을 통과하여 솟아나는 지하수로 만들어진 하안 암설층 용출형 약수이다.

제531호

# 인제 미산리 개인약수

**분류:** 자연유산/천연기념물/지구과학기념물/지질지형 **시대명:** 현생 **지정일:** 2011-01-13
**소재지:** 강원특별자치도 인제군 **면적:** 400㎡

인제 미산리 개인약수(출처: 국가유산청)

인제 미산리 개인약수는 강원도 인제군 상남면 미산리 개인산(1,341m) 서
쪽 경사면으로 흡수된 빗물이 암설지대를 통과하면서 용해된 철분 등의 미
네랄을 포함한 지하수가 계곡의 암설층에서 용출되는 약수이다. 개인약수는
탄산 성분은 물론 철분 함유량이 많아 특유의 비린 맛과 톡 쏘는 맛을 동시에
느낄 수 있다. 1891년 함경북도 출신의 포수 지덕삼이 백두대간에서 수렵하
는 도중 발견하였다.

인제 미산리 개인약수터(출처: 국가유산청)

개인약수터는 국내 약수 가운데 가장 높은 해발 1,080m에 위치하여 오염되지 않은 순수한 맛을 간직한 약수로, 약수터 주변에는 수령이 오래된 가문비나무, 전나무, 피나무, 주목 등의 고목이 우거져 약수의 물맛을 더해 준다. 개인약수에는 철분, 칼슘, 칼륨, 불소, 마그네슘, 나트륨, 구리 등 우리 인체에 유익한 성분을 두루 포함하여 위장병과 당뇨병에 효과가 있다.

제536호

# 경주 양남 주상절리군

**분류**: 자연유산/천연기념물/지구과학기념물/지질지형 **시대명**: 신생대 제3기 **지정일**: 2012-09-25
**소재지**: 경상북도 경주시 **면적**: 공유수면 130,011㎡

부채꼴 모양의 경주 양남 주상절리

경상북도 경주시 양남면 읍천항과 하서항 사이 약 1.5km의 해안 곳곳에
는 돌기둥 모양의 주상절리가 발달했다. 우리나라에 발달한 주상절리 대부
분은 수직 방향의 기둥 모양을 띠고 있으나, 이곳의 주상절리는 원목을 수평
으로 잘라 부채꼴로 포개 놓은 듯 방사상으로 퍼져나간 세계적으로 보기 드
문 형태를 띠고 있다.

양남의 부채꼴 주상절리군은 신생대 제3기 약 5400만~460만 년 전 사이

주상절리가 나타나는 경주 양남해

경주와 울산 해안 일대에서 분출한 용암이 냉각·고화되는 과정에서 형성되었다. 이는 오목한 연못과 같은 와지 안으로 용암이 흘러들거나 와지 밑에서 용암이 솟아나는 등 용암연못이 만들어지는 특수환경에서 생성된 것이다. 와지에 고인 용암은 대기와 접촉하면서 표면이 먼저 냉각된다. 동시에 땅속 지면과 접촉한 용암연못의 내부에서도 냉각이 진행되는데, 이때 용암연못의 중심점을 향해 같은 속도로 서서히 냉각·수축되면 중심점을 기준으로 부채꼴의 주상절리가 만들어진다. 이로 인해 이곳 일대에 점성이 낮고 유동성이 큰 현무암질 용암이 대규모의 분출 했음을 알 수 있다.

양남 주상절리군은 수평·수직·경사·방사 형태 등 모든 방향의 주상절리가 발달해 있다는 점뿐만 아니라 한반도 남동부 지역의 신생대 화산 활동을 연구하는 데 학술적 가치가 크다. 2017년에는 경북 동해안 국가지질공원으로 지정되기도 했다.

제537호

# 포천 한탄강 현무암 협곡과 비둘기낭폭포

**분류:** 자연유산/천연기념물/지구과학기념물/지질지형 **시대명:** 신생대 제4기 **지정일:** 2012-09-25
**소재지:** 경기도 포천시 **면적:** 31,661m

포천 한탄강 현무암 협곡과 비둘기낭폭포

경기도 포천시 영북면 대회산리에 있는 한탄강 현무암 협곡과 비둘기낭폭포는 현무암 용암대지에서 하천의 발달 과정을 보여 주는 지질지형이다. 높이 약 17m의 비둘기낭폭포는 폭포의 형태가 비둘기 둥지 형태처럼 보인다고 붙여진 이름이며, 폭포와 주변 협곡 일대의 풍광이 빼어나다.

북한 오리산과 무명 680m 고지에서 분출한 용암이 옛 한탄강을 따라 흐르

포천 한탄강 현무암 협곡과 주상절리

다가 과거 한탄강 지류인 불무천으로 역류하여 냉각·고화되어 소규모의 현무암 대지가 형성되었다. 이후 불무산에서 발원한 대회산천의 지속적인 두부침식으로 현무암 협곡과 비둘기낭폭포가 만들어졌다.

　포천 한탄강 현무암 협곡과 비둘기낭폭포는 한탄강 현무암 대지가 풍화, 침식되면서 형성된 것이며, 그 주변에 있는 크고 작은 하식동과 주상절리, 판상절리, 협곡, 용암대지 등이 포천·철원·연천 지역의 지형 및 지질 형성 과정을 이해하는 데 중요한 단서를 제공한다. 특히 용암 분출에 따른 침식 기준면의 변동과 수계 간의 상호작용, 폭포 발달 과정을 알 수 있어 지형·지질학적 가치가 매우 크다.

　또한 과거 6·25전쟁 당시에는 수풀이 우거져 외부에 잘 드러나지 않아 마을 사람들의 대피 시설로 활용되었으며, 최근에는 아름다운 절경으로 인해 각종 드라마와 영화 촬영지로 각광을 받고 있다. 2014년 한탄강 국가지질공원, 2018년 유네스코 세계지질공원으로 지정되었다.

제542호

# 포천 아우라지 베개용암

**분류**: 자연유산/천연기념물/지구과학기념물/지질지형 **시대명**: 신생대 **지정일**: 2013-02-12
**소재지**: 경기도 포천시 **면적**: 문화재구역 18,146㎡, 보호구역 128,770㎡

포천 아우라지 베개용암 산출지

경기도 포천시 창수면 신흥리 산209에서 산출되는 베개용암은 신생대 제
4기 약 30만 년 전 평강 오리산에서 분출한 현무암질 용암이 옛 한탄강 유로
를 따라 흐르다가 영평천과 한탄강이 만나는 지점인 아우라지에서 급랭하여
형성된 것이다. 베개용암은 폭 약 180m, 높이 약 25cm의 하식절벽에서 산
출되며, 기반암인 고생대 미산층과 부정합으로 접하고 있다. 신생대 제4기
현무암층에서는 베개용암과 함께 클링커clinker(용암의 표면 쪽에 굳어 있는 암석

포천 아우라지 베개용암

이 깨진 것을 말함), 주상절리 등을 관찰할 수 있다.

　고온의 현무암질 용암이 차가운 물과 만나게 되면서 표면이 빠르게 냉각된다. 하지만 유동성 있는 내부 용암은 계속 흘러가면서 치약을 짠 것처럼 용암이 이미 식은 표면의 틈을 따라 굳어져 생성된다. 그 모양이 옛날 베개를 닮았다고 해서 이름이 붙여졌다. 일반적으로 해안가나 해저화산에서 분출된 용암이 차가운 바닷물과 만나서 형성되는 것으로 알려진 베개용암이 내륙지역인 한탄강 유역에서 발견된 것은 매우 의미가 있다.

　포천 아우라지 베개용암은 국내에서 보기 드물게 산출되는 지질 현상으로 학술적 가치가 크며 2014년 한탄강 국가지질공원, 2018년 유네스코 세계지질공원으로 지정되었다.

제543호

# 영월 무릉리 요선암 돌개구멍

**분류:** 자연유산/천연기념물/지구과학기념물/지질지형 **시대명:** 신생대 제4기 **지정일:** 2013-04-11
**소재지:** 강원특별자치도 영월군 **면적:** 35,927.50㎡

주천강 하상에 발달한 영월 무릉리 요선암 돌개구멍

　강원도 영월군 주천면 무릉리 법흥계곡 초입에는 요선정邀僊亭이라는 정자가 있다. 그 앞을 흐르는 주천강의 바닥 약 200m 구간의 화강암반에는 지름이 1m를 넘기도 하고, 깊이는 2m 정도까지 음푹 파인 웅덩이들이 발달해 있다. 일부러 암반을 조각해 놓은 듯 기이하면서도 미려한 곡선 모양을 띤 웅덩이들의 경관이 뛰어나다.

　하천의 단단한 바닥 암반에 움푹 파여 생성된 원형 또는 원통형의 하천지

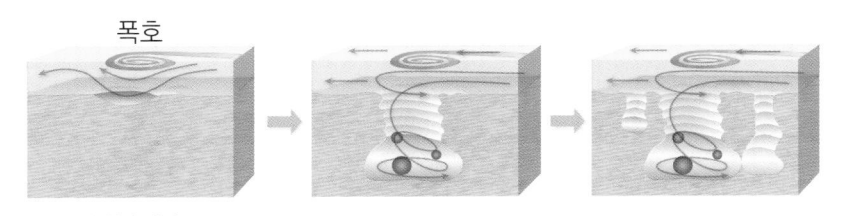

폭호

돌개구멍 형성 과정
1. 강바닥을 흘러가던 자갈이 와지에 들어간다.
2. 와지에 들어간 자갈이 강물의 흐름에 회전운동을 하면서 점차 하상을 마식하여 깊은 홈이 생겨난다.
3. 와지의 자갈이 지속적인 회전운동을 하며 깊고 와지는 더 넓고 깊은 형태로 변한다.

형을 순 우리말로 '돌개구멍'이라고 한다. 돌개구멍은 전국의 주요 하천에서 간간이 발견되고 있는데, 암석의 성질 및 유수의 속도와 양 등에 큰 영향을 받는 특수한 지형에 속한다. 우리나라의 경우 대부분 여름철 홍수가 발생할 때 돌개구멍이 크게 발달한다.

돌개구멍은 흐르는 물에 의해 운반되는 각종 암괴나 자갈 등이 하상의 웅덩이와 같은 요지凹地에 들어가 물살에 따라 회전운동을 하면서 주위를 마모시켜 만들어진 것이다. 이러한 지형을 지형학 용어로 포트홀pot hole이라 하며, 형상에서 이름을 따 구혈甌穴, 와혈渦穴이라고도 한다. 이 가운데 커다란 것은 풍여혈風呂穴이라고 부른다.

주천강 요선암의 돌개구멍은 하천 수위 변화에 따라 3개의 지형면으로 구분된다. 현재 요선암의 돌개구멍은 다른 지역에서 발견되는 돌개구멍과 달리 완벽한 원통형이 거의 없다. 빠른 유속과 화강암반의 단단함으로 침식률이 고르게 전달되어 다양한 형태를 띠게 된 것으로 보인다. 이렇듯 하상의 암반을 침식하여 만든 포트홀 가운데 영월 무릉리의 요선암 돌개구멍은 경관이 아름다울 뿐만 아니라 학술적 가치 또한 크다.

제577호

# 포항 오도리 주상절리

**분류:** 자연유산/천연기념물/지구과학기념물/지형지질 **시대명:** 신생대 제3기
**지정일:** 2023-08-17 **소재지:** 경북 포항시 북구 흥해읍 오도리 산 91 일원 **면적:** 12,022㎡

포항 오도리 주상절리(출처: 국가유산청). 오도리 주상절리는 육지와 떨어진 바다에 섬을 이루는 형태로, 본래 하나의 주상절리가 절리대를 따라 침식을 받아 4개로 분리된 것이다. 섬목포구와 주상절리 섬사이 해저에 사주(모래톱)가 발달하고 있어 추후 육계도가 될 것으로 추정된다.

경상북도 포항시 북구 흥해읍 오도리 해안에는 경주 양남 주상절리에 버금가는 주상절리가 발달해 있다. 오도리 주상절리는 바다 한가운데 바위섬 형태로 해안에서 떨어져 있어 쉽게 볼 수 없다.

오도리 주상절리는 신생대 제3기 연일층군 내부를 관입한 마그마가 냉각·수축하는 과정에서 형성된 것으로, 이웃한 달전리 주상절리와 비슷한 약 140만 년 전 형성된 것으로 추정된다.

포항 오도리 주상절리(출처: 국가유산청)

  국내 널리 알려진 제주 중문 대포동 주상절리, 포항 달전리 주상절리, 경주 양남 주상절리 등은 동일한 방향성을 띠는 것과 달리, 오도리 주상절리는 공간적 위치에 따라 서로 다른 여러 방향을 띠고 있어 주목할 만하다. 이는 처음 본래 하나의 관입체에 의해 연속적인 주상절리가 만들어졌지만 이후 해수와 파랑에 의한 상대적인 해식작용에 의해 주상절리의 여러 냉각면과 절리면을 동시에 관찰할 수 있는 것으로 보인다.

  오도리 주상절리는 이처럼 국내에 그동안 알려지지 않은 형태를 띠고 있는 희귀성이 인정되고 해식작용에 의해 다양한 형태가 주상절리가 동시에 만들어지는 과정을 복합적으로 보여 주는 등 학술적으로 가치가 커 2023년 천연기념물 제575호(포항 오도리주상절리)로 지정, 보호하고 있다.

제576호

# 부안 위도 진리 대월습곡

**분류:** 자연유산/천연기념물/지구과학기념물/지형지질 **시대명:** 중생대 백악기
**지정일:** 2023-10-12 **소재지:** 전라북도특별자치도 부안군 위도면 진리 산 271 **면적:** 13,335㎡

부안 위도 진리 대월습곡. 부안 위도는 공룡알둥지 화석, 독특한 퇴적구조, 주상절리 등과 함께 한반도의 다양한 지질학적 자산이 넘쳐나는 곳이다. 대월습곡은 완전히 굳지 않은 수평의 퇴적층이 횡적 압력에 의해 활처럼 휘어 누워 있는 횡와습곡구조의 원형으로 지질학적 가치가 크다.

전라북도 부안군 위도에는 수평으로 겹겹이 쌓인 퇴적층이 활처럼 반원형의 형태로 휘어 있는 거대한 암벽해안이 발달하였는데, 이 지역사람들은 그 모양이 마치 '큰달과 같다' 하여 '큰달'이라 불렀다고 한다. 뚜렷한 지층 경계를 가진 지름 40m가량의 거대한 원형구조는 횡적 압력의 지각변동인 습곡에 의해 형성된 지질현상이다.

부안 위도 진리 대월습곡
(출처: 국가유산청)

일반적으로 습곡은 지층이 굳은 상태에서 발생하지만, 부안 위도의 대월습곡은 완전히 굳지 않는 지층이 횡적인 수평 압력에 의해 지층이 양탄자처럼 밀려 올라가 옆으로 누워 있는 횡와습곡 지형이다. 또한 우리나라 대부분의 습곡이 백악기 이전에 형성된 것과 달리 백악기 이후에 형성되는 등 시기나 과정, 형태 등이 다른 습곡과는 다른 차별성과 독특한 지질학적 특징이 인정되어, 2023년 천연기념물 제576호(부안 위도 진리 대월습곡)로 지정, 보호하고 있다.

# 4.
# 천연기념물 지정 천연동굴

약 8,000년 전 형성된 당처물동굴(제주도 제주시 구좌읍)

지하의 천연동굴은 석회암지대에서 석회암의 용식에 의한 석회동굴과 화산지대에서 용암이 분출, 냉각되는 과정에서 발달한 용암동굴이 대표적이다. 우리나라의 석회동굴은 석회암지대인 강원도 남부 태백, 정선, 영월 일대와 충북 제천, 단양 일대, 경북 울진 등에, 그리고 용암동굴은 화산섬인 제주도에 집중 발달하였다.

석회동굴은 카르스트 지형의 발달과 형성 과정을, 용암동굴은 화산지형의 발달과 형성 과정을 그리고 동굴의 생태계를 연구하는 데 매우 귀중한 자원이다. 그동안 인간의 접근이 쉽지 않았던 동굴은 학술적 및 생태적 가치가 희귀한 일부를 제외하고는 현재 개발되어 관광자원으로 활용되고 있다.

제98호

# 제주 김녕굴과 만장굴

**분류**: 자연유산/천연기념물/지구과학기념물/천연동굴  **시대명**: 신생대 제4기  **지정일**: 1962-12-07
**소재지**: 제주특별자치도 제주시  **면적**: 1,434,534m

국내 최장의 용암동굴, 만장굴

　제주도 북동쪽 구좌읍 김녕리 산 7번지 일대에 걸쳐 있는 김녕굴과 만장굴
은 제주도에 발달한 120여 개의 용암동굴을 대표하는 동굴이다. 두 동굴은
별개의 이름으로 불리고 있지만 본래 동굴 형성 당시는 한줄기로 연결되어
있었다. 이후 동굴 천장의 붕괴로 함몰되어 2개의 동굴로 분리되었다.

　용암동굴은 분화구에서 지표로 분출된 1,100~1,250℃의 고온의 용암이

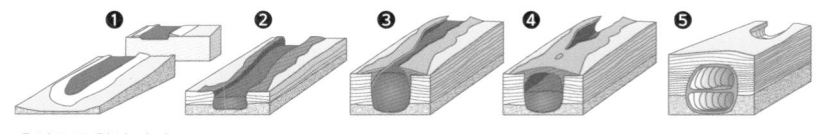

용암동굴 형성 과정

1. 지하에서 지표로 분출한 점성이 약하고 유동성이 큰 현무암질 용암이 완경사를 따라 낮은 곳으로 흐른다.
2. 분출된 용암이 차가운 공기와 맞닿는 바깥쪽부터 먼저 냉각되어 굳으면서 용암동굴의 지붕이 만들어지기 시작한다.
3. 용암의 냉각이 확대되어 상부 지붕이 암석으로 덮이지만 지붕 안쪽의 뜨거운 용암은 굳지 않기 때문에 경사를 따라 계속 흐른다.
4. 동굴 속을 흐르는 용암의 양이 감소하면서 동굴 내부에 층을 만들기도 하고, 상부 지붕의 일부가 무너져 내리기도 한다.
5. 화산 활동이 끝난 후 동굴 속을 흐르던 용암이 모두 빠져나가면 안쪽에 텅빈 동굴이 생성된다.

산 사면을 흘러내릴 때 표면의 용암은 대기와 접하여 점차 냉각되지만, 내부의 용암은 외부와 같이 냉각되지 않고 계속 고온을 유지한 채로 흘러 내려가 내부에 텅 빈 공동空洞이 생겨 형성된다. 따라서 용암동굴은 분출된 대량의 용암이 매우 점성이 낮고 유동성이 강한 염기성 현무암이어야만 만들어진다. 김녕굴과 만장굴을 탄생시킨 현무암은 약 60만~30만 년 전 분출된 표선리 현무암층에 속한다.

김녕굴과 만장굴은 조천읍 교래리 거문오름에서 출발해 북북동 방향 약 14km 떨어진 바닷가까지 흘러가면서 만들어진 거문오름 용암동굴계 중 하나이다. 만장굴은 평균 높이 7~8m, 폭 약 10m, 길이 약 7.4km로 세계에서 손꼽히는 규모를 지녔을 뿐만 아니라 동굴 내부에 다양한 형태의 동굴생성물들이 발달하여 화산동굴의 형성 과정을 연구할 수 있는 귀중한 곳이다.

만장굴 탐방로 끝자락에는 높이 7.6m의 용암석주가 있다. 용암석주는 용암동굴이 1차로 형성된 이후 천장에 있던 용암이 천장을 뚫고 바닥으로 흘러내리며 굳어 생성된 기둥 모양의 동굴 화산지형으로 세계적으로 보기 드물다. 용암동굴이 형성되면서 미처 굳지 못한 용암이 천장이나 측벽부에서 고드름처럼 흘러내리다 엉겨 뭉쳐 굳은 상어 이빨 모양의 용암종유와 용암이

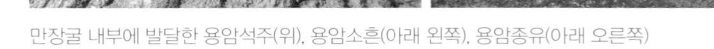

만장굴 내부에 발달한 용암석주(위), 용암소흔(아래 왼쪽), 용암종유(아래 오른쪽)

흐르면서 벽면에 남긴 선으로 된 구조인 용암 소흔 등이 발달하여 용암동굴의 형성 과정을 연구하는 데 귀중한 학술자료가 되고 있다. 만장굴은 제주도의 동굴 가운데 탐방객이 가장 많이 찾는 동굴 중 하나이다.

인접한 김녕굴은 길이가 705m로 만장굴에 비해 짧지만 만장굴과 형성 과정의 궤를 같이하여 폭과 높이는 거의 비슷하다. 김녕사굴金寧蛇窟로 불리는 이유는 동굴의 형상이 S자형으로 입구는 넓고 안으로 들어갈수록 좁아져 뱀의 형상을 닮았기 때문이다.

동굴 보호를 위해 미공개 중인 김녕굴(출처: 김련, 한국동굴연구소)

 김녕굴은 만장굴과 학술적 가치가 커 1962년 용암동굴로는 국내 최초로 천연기념물로 지정되었다. 그리고 용암동굴로서 탁월한 경관과 지질학적 가치가 뛰어나 2007년 국내 최초로 '제주 화산섬과 용암동굴'이란 이름으로 세계자연유산으로 등재되었으며, 만장굴은 2010년 세계지질공원으로도 등재되었다. 현재 김녕굴은 동굴의 영구 보존을 위해 내부를 공개하지 않고 있다. 만장굴 또한 동굴 입구에서 1km까지만 공개하고 안쪽은 동굴생태보호구역으로 지정하여 출입을 제한하고 있다.

제155호

# 울진 성류굴

**분류:** 자연유산/천연기념물/지구과학기념물/천연동굴 **시대명:** 고생대 **지정일:** 1963-05-10
**소재지:** 경상북도 울진군 **면적:** 137,454㎡

울진 성류굴(출처: 한국동굴연구소)

울진 성류굴은 경상북도 울진군 근남면 구산리에 있는 석회동굴로, 동굴
바로 옆을 흐르는 왕피천이 동굴 내부로 흘러들어 동굴 속에 넓고 깊은 호수
가 발달해 있다. 처음에는 신선들이 한가로이 놀던 곳이라는 뜻으로 '선유굴'
이라 불렸으나, 임진왜란 때 왜군을 피해 불상들을 굴 안에 피신시켜 성스러
운 부처가 머물던 곳이라는 뜻에서 '성류굴'이라고 부르게 되었다.

성류굴은 고생대 오르도비스기에 퇴적된 두무골층에 발달했는데, 전체적

성류굴 내부의 석순과 종유석(출처: 국가유산청)

으로 수평동굴이며 동굴 내부에는 9곳의 광장과 수심 4~5m 정도의 물웅덩이 3개가 있다. 성류굴 주굴의 길이는 약 330m, 지굴의 길이는 약 540m로 총연장이 870m이지만 일반인들에게 개방된 구간은 약 270m 정도이다. 동굴 내부에는 고드름처럼 생긴 종유석, 땅에서 돌출되어 죽순처럼 올라온 석순, 종유석과 석순이 만나 기둥을 이룬 석주 등과 같은 다양한 동굴생성물이 골고루 분포해 있다.

성류굴에서는 국내의 다른 석회동굴과는 달리 가운데가 잘린 석주, 물에 잠긴 석순을 관찰할 수 있다. 가운데가 어긋나 있는 석주는 석주가 만들어진 후 발생한 지진으로 땅이 흔들리면서 만들어진 것이다. 물에 잠겨 있는 석순은 과거 물 밖에서 만들어진 후 수위가 높아지면서 물에 잠기게 된 것으로, 동해안의 수위가 낮았던 빙하기에 형성되었음을 보여 준다. 2012년 성류굴에서는 화석으로만 발견되었던 패충류(몸 길이 1mm 안팎의 씨앗 모양으로 연약한 몸을 보호하기 위해 두 장의 딱딱한 석회질 껍질 속에 들어가 있는 갑각류의 일종으로 물벼룩이 대표적임)가 세계 최초로 살아 있는 형태로 발견되었으며, 2017년 경북 동해안 국가지질공원의 지질명소로 지정되었다.

제177호

# 익산 천호동굴

**분류**: 자연유산/천연기념물/지구과학기념물/천연동굴 **시대명**: 고생대 **지정일**: 1966-03-02
**소재지**: 전라북도 익산시 **면적**: 95,070㎡

익산 천호동굴(출처: 국가유산청)

익산 천호동굴은 전라북도 익산시 여산면 태성리에 위치한 총연장이 600m에 달하는 전라북도의 유일한 석회동굴이다. 여름에는 서늘한 바람이 밖으로 뿜어 나오고 겨울에는 훈훈한 바람이 불어 나오기 때문에 일명 '바람굴'이라 부른다. 좁고 험한 굴 입구를 들어서면 동굴 바닥 한 구석에 맑은 동굴류가 흐르고, 우기에는 동굴 속에 유수량이 많아 동굴폭포가 형성되기도 한다.

천호동굴은 고생대 옥천층군에 속하는 석회암층에 형성되었다. 동굴 내부에는 종유석, 석순, 석주, 석회화단구 등의 동굴생성물과 높이 약 30m, 너비 약 15m에 달하는 수정궁이란 광장이 있고, 중앙 정면에는 높이 20m, 지름이 5m가 넘는 커다란 석순이 자라고 있다.

동굴 내에는 박쥐를 비롯하여 꼽등이·딱정벌레·톡토기 등 많은 동굴생물이 서식하고 있어 생태적 가치가 크다. 1966년 천연기념물로 지정된 후 잠시 개방되었으나, 동굴 훼손 문제로 1970년 폐쇄가 결정되어 일반에게 공개하지 않고 있다.

제178호

# 삼척 대이리 동굴지대

**분류**: 자연유산/천연기념물/지구과학기념물/천연동굴 **시대명**: 고생대 **지정일**: 1966-06-17
**소재지**: 강원특별자치도 삼척시 **면적**: 6,608,668㎡

국내 최대 규모의 환선굴 내부 통일광장

 강원도 삼척시 신기면 덕항산(1072.9m) 북사면 대이리계곡 산허리 지하에
는 우리나라의 석회동굴을 대표하는 환선굴, 대금굴, 관음굴을 비롯한 10개
의 동굴이 발달해 있다. 석회암이 용식되어 형성된 동굴로, 각각 동굴에는 종
유석과 석순 등의 아름다운 동굴생성물이 발달하여 마치 조각궁전처럼 경관
이 뛰어나다. 동굴 가운데 현재 1997년에 개방된 환선굴과 2007년에 개방된

대금굴의 공개 구간을 제외한 모든 지역이 동굴 보호를 위해 폐쇄되었다.

대이리 일대에 석회동굴이 발달한 이유는 이곳 일대의 지질이 모두 5~4억 년 전 고생대 캄브리아기에서 오르도비스기 사이 바다에 살던 산호와 패류의 껍데기와 골격이 퇴적되어 만들어진 석회암이기 때문이다. 태백층군에 속하는 석회암으로, 지층에 발달한 절리와 단층면을 따라 지하로 흘러든 물이 석회암의 탄산칼슘을 용식하면서 점차 지하 깊은 곳으로 물길이 이동하며 동굴이 생성되었다. 대이리 동굴지대는 연평균 강수량이 1,200mm로 많은 비가 내려 석회암의 용식작용이 활발하다.

환선굴은 현재 총길이 약 8.5km 가운데 1.6km만 관람이 가능하다. 환선굴은 국내 석회동굴 가운데 가장 규모가 큰 동굴로, 동굴 내부에는 만남의 광장과 통일광장이라 불리는 두 개의 넓은 공간이 발달해 있다. 생성 초기 단계의 동굴로 단양의 고수동굴이나 영월의 고씨동굴에 비해 종유석이나 석순 등의 동굴생성물이 드문 편이지만, 세계적인 희귀 생성물인 휴석(옥좌대)과 거대 종유석(도깨비방망이), 동굴산호, 동굴진주 등의 독특한 동굴생성물이 발달하였다.

휴석은 낙차가 매우 큰 동굴수로 인해 석순이 성장하지 못하고 탄산칼슘 침전물이 옆으로 퍼지면서 쌓여 생성되었다. 동굴수가 완만한 경사를 흐르다가 나뭇가지나 둔덕에 탄산칼슘 침전물이 쌓이면서 논둑과 밭둑 모양으로 쌓여 다랭이 형태의 휴석을 만들기도 하는데, 이곳에 물이 고인 것을 휴석소 rim-stone pool라고 한다.

총연장 약 1.6km의 대금굴에는 연중 동굴 내부를 흐르는 풍부한 수량으로 여러 개의 크고 작은 폭포와 동굴연못이 발달해 있다. 대금굴이 위치한 골짜기는 물이 항상 많아 '물골'이라 부른다. 그러다가 동굴생성물이 누런색을 띠고 있어 대금굴大金窟이라 명칭이 바뀌었다. 연중 많은 동굴수가 흐르고 수평 통로가 많아 동굴 내부에 호수 구간이 많다.

환선굴 기형 휴석, 옥좌대(좌), 다랭이 휴석(우)

총연장 약 1.2km의 관음굴은 규모는 작지만 화려한 동굴생성물이 발달하여 국내 석회동굴 가운데 가장 아름다운 동굴로 평가받는다. 현재 관음굴은 동굴 보존을 목적으로 미공개 상태이다.

대이리 10개의 동굴 가운데 6개의 동굴(환선굴, 관음굴, 사다리바위바람굴, 양터목세굴, 덕밭세굴, 큰재세굴)은 규모와 경관이 뛰어나고 학술적 가치가 높아 1966년 발견되던 해에 주위 산림 약 200만 평과 함께 천연기념물(삼척 대이리 동굴지대)로 지정되었다.

지하수가 많이 흐르는 대금굴(출처: 김련, 한국동굴연구소)

제219호

# 영월 고씨굴

**분류**: 자연유산/천연기념물/지구과학기념물/천연동굴 **시대명**: 고생대 **지정일**: 1969-06-04
**소재지**: 강원특별자치도 영월군 **면적**: 283,472㎡

영월 고씨굴 내부(출처: 국가유산청)

  강원 영월군 김삿갓면 남한강 상류에 위치한 고씨굴은 길이 약 6.3km로, 약 4억 년 전에 생성된 석회동굴이다. 영월 고씨굴은 원래는 노리곡 석굴이라고 불렀으나, 임진왜란 때 의병장 고종원 일가족이 피난한 동굴이라고 해서 고씨동굴이란 이름을 얻게 되었다.

  동굴은 대략 W자를 크게 펴 놓은 모양이다. 동굴 안의 온도는 연중 15℃

고씨동굴의 종유석, 석주, 유석

안팎이고 수온은 5.3℃ 정도이며 동굴 안에는 종유석과 석순이 다량 발달해 있다. 또한 화석으로만 존재한다고 믿어 왔던 갈로아 곤충이 서식하고 있는 것으로 밝혀졌다.

영월 고씨굴은 종유석과 석순 등이 잘 발달해 있고 다른 동굴에 비하여 동굴 속에서만 살아가는 희귀한 생물들이 많이 서식하고 있다. 2017년에는 강원고생대 국가지질공원 지질명소로 지정되었다.

제226호

# 삼척 초당굴

**분류:** 자연유산/천연기념물/지구과학기념물/천연동굴 **시대명:** 고생대 **지정일:** 1970-09-17
**소재지:** 강원특별자치도 삼척시 **면적:** 85,226㎡

삼척 초당굴(출처: 국가유산청)

　강원도 삼척시 근덕면 금계리에 있는 초당굴은 고생대의 조선누층군 풍촌
석회암에 발달한 3층의 석회동굴로 크고 작은 광장 4개가 서로 연결되어 있
다. 하층이 가장 길고 큰 광장이 여러 곳에 형성되어 있으며, 동굴바닥 곳곳
에 연못이 있고 지하수가 마치 분수대 모양으로 여기저기서 솟아 나와 아름
다운 광경을 자아낸다.

　동굴 안에는 고드름처럼 생긴 종유석과 땅에서 돌출되어 올라온 석순, 종

삼척 초당굴 종유석
(출처: 국가유산청)

삼척 초당굴 석화단구
(출처: 국가유산청)

유석과 석순이 만나 기둥을 이룬 석주 등 다양한 동굴생성물이 많다. 주목할
만한 점은 동굴 내부에 지하수가 계속 흘러 가장 아래층의 굴로 동굴류가 흐
르고 있으며, 이곳에는 세계적으로 매우 희귀한 '물김'이 자생하고 있다는 점
이다. 좀딱정벌레, 장님굴새우, 화석 곤충으로 알려진 카르다충, 긴다리거미
등 희귀한 특수생물이 서식하고 있다.

　현재 동굴생성물과 동굴생물의 보호를 위해 공개 제한 지역으로 지정되어
있어 관리 및 학술 목적 등으로 출입하고자 할 때는 국가유산청의 허가를 받
아야 한다.

제236호

# 제주 한림 용암동굴지대
## (소천굴, 황금굴, 협재굴)

**분류**: 자연유산/천연기념물/지구과학기념물/천연동굴 **시대명**: 신생대 제4기 **지정일**: 1971-09-30
**소재지**: 제주특별자치도 제주시 **면적**: 651,740m

소천굴(출처: 김련, 한국동굴연구소)

　　제주에 발달한 총 136개의 용암동굴은 주로 북동쪽 구좌읍과 북서쪽 한림읍에 밀집되어 있다. 그중 한림읍에 24개가 있는데, 특히 한림공원 주변 일대에는 협재굴을 비롯하여 소천굴, 황금굴, 쌍용굴, 초깃굴, 재암천굴 등이 서로 미로처럼 연결되어 있다. 동굴 총길이 17,714km의 이 동굴들을 가리켜 '협재화산동굴계'라고 부른다.

석회질 생성물이 발달한 황금굴(좌)과 협재굴(우)

용암동굴은 점성이 낮고 유동성이 큰 현무암질 용암이 분출, 이동하면서 대기 중에 드러난 표면은 빨리 식어 굳는 반면 내부는 식지 않은 용암이 계속 흘러간 후 용암 분출이 멈출 때 굳어 텅 빈 통로, 즉 동공洞空이 형성된다. 한림공원 주변 일대 지하에 형성된 용암동굴은 약 60만~30만 년 전에 분출한 광해악(넙게오름) 현무암에 의해 생성되었다.

용암동굴은 종유석, 석순 등 동굴생성물로 내부가 화려한 석회동굴과 달리, 거의 직선 형태의 단조로운 모양이다. 그런데 협재굴을 비롯한 쌍용굴, 황금굴 등에서는 특이하게도 용암동굴에서는 절대 생성될 수 없는 석회질 종유석과 석순 그리고 종유관이 발달하여 아름다운 경관을 띠고 있다.

용암동굴 내에 석회동굴의 2차생성물이 발달하게 된 이유는 이곳 일대가 해안에 인접한 데에서 그 일차적 원인을 찾을 수 있다. 인근 해빈과 해안사구의 조개껍데기 성분의 모래가 바람에 날려와 동굴 상부를 덮었으며, 이후 모래 속의 탄산칼슘 성분이 빗물에 녹아 동굴 내부로 유입, 침전, 퇴적되어 다양한 석회질 생성물들이 생겨난 것이다. 협재굴과 쌍용굴은 일반에 공개되어 입장이 가능하지만, 그외 소천굴, 황금굴, 초깃굴은 동굴 내부의 석회질 생성물의 보호를 위해 공개를 제한하고 있다. 한림공원 일대에 발달한 용암동굴들은 화산동굴로서의 가치뿐만 아니라 석회 성분의 유입에 따른 특이한 자연경관이 더해져 학술적 가치가 매우 크다.

제256호

# 단양 고수동굴

**분류:** 자연유산/천연기념물/지구과학기념물/천연동굴　**시대명:** 고생대　**지정일:** 1976-09-24
**소재지:** 충청북도 단양군　**면적:** 61,784㎡

단양 고수동굴

　충청북도 단양군 단양읍 고수리에 위치한 고수동굴은 석회동굴로 예전에
는 금마굴, 까치굴, 박쥐굴, 고습굴 등으로 불리기도 했다. 약 4억 년 전에 형
성된 고생대의 조선누층군 두무골층의 석회암으로 구성되어 있다.

　동굴 내부에는 수호신으로 모시는 사자상의 기암을 비롯하여, 웅장한 종
유폭포를 이루고 있는 유석, 선녀탕이라 불리는 석회화단구인 동굴소, 7m

단양 고수동굴의 종유석

길이의 종유석과 석순, 석주 그리고 천연교, 곡석, 석화, 동굴산호, 동굴진주, 동굴선반, 아라고나이트 등 희귀한 동굴생성물도 많다.

단양 고수동굴의 첫 탐사는 1973년에 실시되었는데, 그때 동굴 입구 부근에서는 타제석기와 마제석기가 발견되었다. 동굴 위치가 한강 연안 가까운 곳에 있고 동굴의 입구가 남향인 점을 고려해 보았을 때, 선사시대의 주거지로 이용되었을 것으로 추정하고 있다. 단양 고수동굴은 희귀한 동굴생성물의 모든 것을 한 눈으로 볼 수 있는 대표적인 석회동굴로, 2020년에 단양 국가지질공원 지질명소로 지정되었다.

제260호

# 평창 백룡동굴

**분류**: 자연유산/천연기념물/지구과학기념물/천연동굴 **시대명**: 고생대 **지정일**: 1979-02-14
**소재지**: 강원특별자치도 평창군 **면적**: 956,433㎡

평창 백룡동굴(출처: 한국동굴연구소)

강원도 평창군 미탄면 마하리 동강변 절벽에 있는 백룡동굴은 총연장 1.2km 달하는 석회동굴로, 대체로 남동 방향으로 휘어져 있고 몇몇 지굴은 동쪽으로 약 50m, 동북 방향으로 약 20m, 동서-남서 방향으로 약 350m가 구부러져 있다.

백룡동굴은 1976년 마을 주민에 의해 최초로 발견되었으며, 1979년에 한국동굴보존협회에서 종합적인 학술조사를 시행하였다. 백룡동굴은 고생대

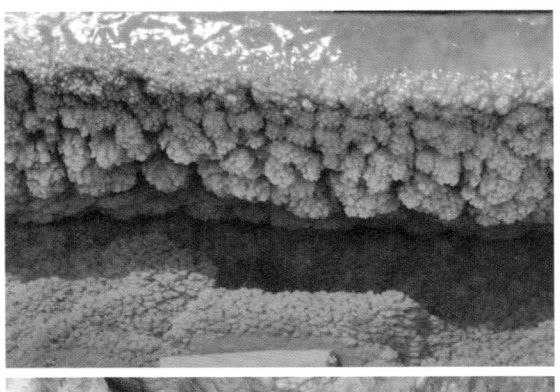

백룡동굴의 동굴산호
(출처: 한국동굴연구소)

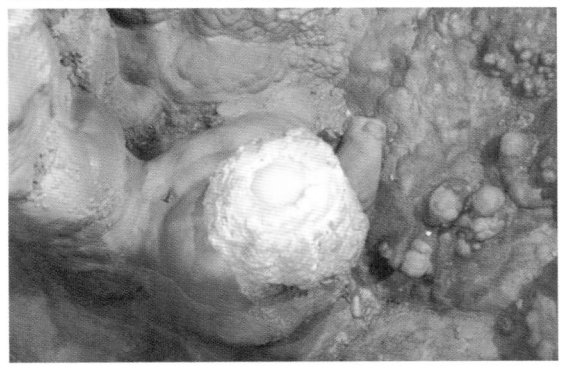

백룡동굴 에그프라이 석순
(출처: 한국동굴연구소)

전기에 퇴적된 조선누층군의 막골층에 발달했으며, 막골층은 석회질 이암, 돌로마이트dolomite질 이암, 평력석회암 등으로 구성되어 있다.

백룡동굴 내부에 있는 형성체는 비교적 원형이 잘 보존되어 있고 다른 동굴에서는 찾아보기 힘든 희귀한 피아노 종유석, 왜곡 기형 종유석, 방패형 석주, 석회화폭포, 석회화 단구, 곡석류 등이 발달하고 있다. 또한 옛새우를 비롯하여 갈르와벌레, 장님좀먼지벌레, 관박쥐 등 60여 종의 동굴생물들이 발견되는 등 학술적, 생태적 가치가 높다. 2017년 강원 고생대 국가지질공원 지질명소로 지정되었다.

제261호

# 단양 온달동굴

**분류**: 자연유산/천연기념물/지구과학기념물/천연동굴 **시대명**: 고생대 **지정일**: 1979-06-21
**소재지**: 충청북도 단양군 **면적**: 307,269㎡

단양 온달동굴(출처: 한국동굴연구소)

　충청북도 단양군 영춘면 하리 남한강변에 있는 온달동굴은 길이 약 800m
의 석회동굴로, 옛날 온달장군이 성을 쌓았다는 온달산성의 밑에 있어 붙여
진 이름이다. 온달동굴을 구성하고 있는 암석은 약 4억 년 전에 생성된 고생
대 조선누층군에 속하는 석회암으로, 동굴의 형성 시기는 약 10만 년 이내로
추정하고 있다.

　온달동굴 내부에는 단층면이나 절리면을 따라 담백색 종유석과 석순, 석

단양 온달동굴의 동굴 베이컨시트와 종유석(출처: 한국동굴연구소)

주 등이 잘 발달해 웅장한 비경을 간직하고 있으며, 지하수량이 풍부해서 현재까지도 다양한 동굴생성물이 자라고 있다. 동굴 내에는 노래기, 지네, 곤충, 포유류 등 다양한 생물들이 서식하고 있다.

온달동굴은 1966년부터 학술조사가 시행되어 1975년 잠시 공개하였으나, 지리적 여건으로 잠시 폐쇄되었다가, 1997년 11월에 다시 개방하였다. 2020년 단양 국가지질공원의 지질명소로 지정되었다.

제262호

# 단양 노동동굴

**분류**: 자연유산/천연기념물/지구과학기념물/천연동굴  **시대명**: 고생대  **지정일**: 1979-06-21
**소재지**: 충청북도 단양군  **면적**: 361,040m

단양 노동동굴(출처: 한국동굴연구소)

　단양 노동동굴은 충청북도 단양군 단양읍 노동리 남한강의 지류인 노동천 부근에 위치한 총길이 약 800m 정도의 석회동굴로, 입구는 협소하나 내부는 넓게 뚫려 있다. 고생대 조선누층군의 막골층 석회암으로 이루어져 있으며, 동굴 내부에는 석순, 종유석, 석주, 종유관 등 다양한 동굴생성물이 발달하였다. 특히 유석, 동굴산호, 석회화단구 등의 2차생성물이 다른 동굴보다 다양하다.

단양 노동동굴 석회단구와 종유석(출처: 한국동굴연구소)

단양 노동동굴 종유석과 석주(출처: 한국동굴연구소)

노동동굴 벽과 바닥에서 동물 골격의 화석과 옛 토기 조각 등이 발견되었
는데, 이는 임진왜란 당시 주민들이 이곳으로 피난했던 흔적으로 추정하고
있다. 노동동굴은 종유 폭포, 석주, 석순 다양한 동굴생성물이 잘 발달되어
있으며, 경관 또한 우수하다. 그러나 2008년 문화재청은 동굴을 보호하기 위
해 비공개로 전환하여 일반에게 공개하지 않고 있으며, 노동동굴은 2020년
에 단양 국가지질공원의 지질명소로 지정되었다.

제342호

# 제주 어음리 빌레못동굴

**분류**: 자연유산/천연기념물/지구과학기념물/천연동굴 **시대명**: 신생대 제4기 **지정일**: 1984-08-14
**소재지**: 제주특별자치도 제주시 **면적**: 231,158㎡

제주 어음리 빌레못동굴(출처: 국가유산청)

　제주시 애월읍 어음리 한라산 중턱에 위치한 빌레못동굴은 총길이가 약 11,750m로 제주도 내 용암동굴 가운데 가장 길고 단일 동굴로는 세계에서 9번째로 길다. 주굴보다 2, 3층으로 교차되는 곁가지 굴이 3배 이상 길고 복잡한 미로형 동굴로 잘 알려져 있으며, 나선상으로 발달한 동굴의 모양 때문에 '소라굴'이라 불리기도 한다.

'빌레'는 평평한 암반을 뜻하는 제주 방언으로, 빌레못이란 이름은 동굴 인근에 평평한 암반에 물이 고인 얕은 연못이 있었다는 데서 유래했다. 현재 동굴은 천장 내부에 균열이 많아 낙반이 심한 편이어서 출입이 금지되어 있다.

빌레못동굴이 주목받는 것은 1973년 동굴 내부에서 사슴과 갈색곰의 턱뼈, 관절뼈 등을 비롯하여 용암으로 만든 박편석기剝片石器, 골각기, 불을 땐 흔적인 목탄도 발견되어 구석기시대의 인류의 생활상을 연구하는 데 귀중한 자료가 되기 때문이다. 남한 지역에서 최초로 발견된 동물 뼈와 함께 출토된 구석기시대 동굴 유적의 특징으로 보아, 빌레못동굴은 약 8만~7만 년 전 중기 구석기에 해당되는 것으로 추정된다. 그리고 이러한 구석기 유적이 한반도의 최남단 섬 제주도에서 발견된 점으로 보아, 한반도 전역에 걸쳐 구석기 문화가 전개되었음을 짐작할 수 있다.

한편 빌레못동굴은 한국 현대사 최대 비극 가운데 하나인 제주 4·3사건의 현장이기도 하다. 1949년 1월 16일 정부 토벌대와 민보단民保團(5·10 총선거 때 조직되어 1950년 봄까지 경찰의 하부·지원조직으로 활동한 우익단체)의 대대적인 합동 토벌 작전에 의해 동굴 속에 숨어 있던 애월면 어음, 납읍, 장전리 주민 29명이 집단학살을 당하였고, 동굴 속에서 굶어 죽은 부자와 모녀지간으로 보이는 유해 4구가 발견되었다.

제384호

# 제주 당처물동굴

분류: 자연유산/천연기념물/지구과학기념물/천연동굴  시대명: 신생대 제4기  지정일: 1996-12-30
소재지: 제주특별자치도 제주시  면적: 51,093㎡

석회동굴을 방불케 하는 당처물동굴(출처: 이광춘, 한국동굴연구소)

　제주시 구좌읍 월정리 월정리항에서 서쪽으로 약 900m 지점에 위치한 당처물동굴은 폭 5~15m, 높이 0.5~2.5m, 길이 360m에 달하는 비교적 규모가 작은 동굴이지만 세계적으로 주목받는 동굴이다. 당처물동굴은 현무암으로 이루어진 용암동굴이면서도 석회동굴에서 볼 수 있는 동굴생성물이 발달해 있기 때문이다.

　당처물동굴의 이름은 동굴 주변에 당처물이란 연못에서 유래되었다. 당처

당처물동굴 내에 발달한 동굴산호
(출처: 김련, 한국동굴연구소)

물동굴을 배태한 현무암은 인근 만장굴, 김녕굴을 형성한 거문오름에서 분출한 표선리현무암과 동일한 것이다. 거문오름 용암동굴계 가운데 바다와 가까운 가장 끝자락에 발달한 동굴로, 1994년 경작지 개간 중 우연히 발견되었다. 그 전까지는 두터운 모래층에 덮여 외부와 차단된 상태에 있었기 때문에 자연성을 그대로 유지하고 있다.

그렇다면 당처물동굴에는 어떻게 해서 석회동굴에서나 볼 수 있는 탄산염 광물로 이루어진 동굴생성물이 발달할 수 있었던 것일까? 그 해답은 동굴을 덮고 있는 모래에서 찾을 수 있다. 오랜 세월 해안에 쌓인 조개껍데기로 만들어진 모래가 바람에 날려 와 동굴 위를 덮었다. 이후 모래 속에 함유된 조개껍데기의 탄산칼슘 성분이 빗물에 녹아 서서히 동굴 내부로 스며들면서 침전되어 석회동굴에서 보는 것과 같은 동굴생성물이 자라게 된 것이다.

하지만 당처물동굴의 동굴생성물은 일반적인 석회동굴에서 볼 수 있는 동굴생성물과 달리 가늘고 긴 형태를 띠고 있다. 그 이유는 동굴 상부 현무암 암반 틈새를 뚫고 내려온 풀과 나무의 뿌리를 따라 동굴수가 침투하면서 탄산칼슘 성분이 침전되었기 때문이다. 동굴 내부에는 식생의 뿌리를 따라 만들어진 종유석과 석순, 석주, 동굴산호, 휴석 등 다양한 기형적인 동굴생성물이 발달하여 장관을 이룬다. 현재 당처물동굴은 일반인의 출입이 금지된 비공개동굴이다.

제466호

# 제주 용천동굴

**분류**: 자연유산/천연기념물/지구과학기념물/천연동굴  **시대명**: 신생대 제4기  **지정일**: 2006-02-07
**소재지**: 제주특별자치도 제주시  **면적**: 743,185m

탄산염광물이 넘쳐나는 용천동굴(출처: 김련, 한국동굴연구소)

용천동굴은 2005년 제주시 구좌읍 월정리 만장굴 입구 삼거리 부근 전선
공사 중 우연히 발견되었다. 현재까지 확인된 길이는 총 3,400m이며 최대
폭 14m, 최대 높이 20m로 비교적 규모가 큰 동굴이다. 명칭은 동굴 안에서
발견된 호수의 모습이 마치 승천하는 용의 모습과 같다고 하여 붙여졌다.

용천동굴은 약 30만~10만 년 전 거문오름 분화구에서 나온 용암이 북동
쪽으로 흐르며 형성된 거문오름 용암동굴계에 속한 동굴로, 김녕굴과 당처

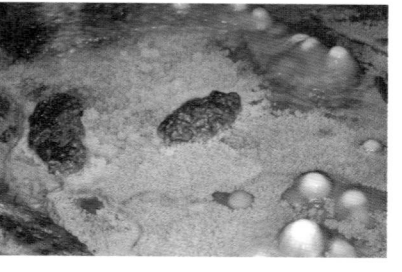

용천동굴 내부에 발달한 탄산염 동굴생성물
– 종유석과 석화(출처: 김련, 한국동굴연구소)

물동굴 사이에 있다. 용천동굴은 인접한 당처물동굴, 황금굴, 협재굴 등과 함께 용암동굴이면서도 동굴 내부에 석회질 탄산염 동굴생성물이 발달한 특이한 동굴 가운데 하나이다.

용천동굴 또한 해안과 가까이 위치하여 해안에서 바람에 날려와 쌓인 조개껍데기 모래에서 빗물에 녹아 동굴 내부로 흘러든 석회질의 탄산칼슘 성분이 침전되어 생성된 것이다. 특히 동굴 내부로 뿌리를 따라 뻗어 내린 탄산칼슘이 쌓여 만들어 낸 종유관의 경관은 매우 경이로울 만큼 특이하다. 동굴 바닥에는 천장에서 떨어진 물방울이 석순에 충돌하여 튕겨지며 만들어진 돌꽃 모양의 석화(아라고나이트)가 발달하였다.

현재까지 확인된 동굴 내부 약 1km 구간에는 석회동굴에서 볼 수 있는 종유석과 석순 그리고 종유관, 동굴진주, 동굴산호, 동굴팝콘 등이 발달하였을 뿐만 아니라 전복, 조개껍데기와 통일신라시대의 것으로 추정되는 토기류 등도 다량 발견되어 고고학적 가치 또한 높다. 2007년 거문오름동굴계에 속한 동굴들과 함께 '제주 화산섬과 용암동굴'이란 주제로 세계자연유산에 등재되었으며 현재는 동굴생성물의 보호를 위해 폐쇄되어 있다.

제467호

# 제주 수산동굴

**분류:** 자연유산/천연기념물/지구과학기념물/천연동굴 **시대명:** 신생대 제4기 **지정일:** 2006-02-07
**소재지:** 제주특별자치도 서귀포시 **면적:** 443,148m

3층 구조의 수산동굴(출처: 한국동굴연구소)

　제주도 서귀포시 성산읍 낭끼오름(남거봉) 남쪽 약 900m 지점 지하에
서 수산동굴이 발견되었다. 총길이 4,520m로 빌레못동굴(9,020m), 만장굴
(7,400m)에 이어 제주도에서 세 번째로 길며, 높이 약 7m, 폭 약 30m가 넘는
광장이 있을 만큼 대형동굴이다.

　동굴 내부에는 용암석순을 비롯하여 용암석주, 용암종유, 용암구, 용암선
반 등 다양한 동굴생성물이 발달하였으며, 석영, 흑요석 등의 포획암捕獲岩이

용암석주(출처: 국가유산청)

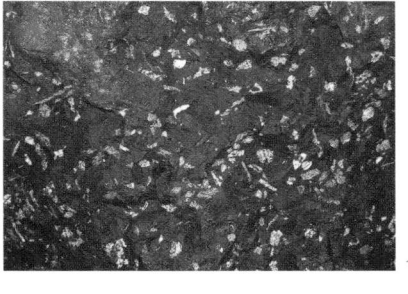

석영포획물(출처: 국가유산청)

포함된 현무암이 발견되어 제주도 화산암 연구에 귀중한 자료가 되고 있다.

수산동굴은 약 60만~30만 년 전 분출한 표선리현무암으로 이루어진 3층 구조의 동굴로, 현재 제주도 용암동굴 가운데 내부 천장의 낙반 현상이 가장 심하여 안전사고가 우려되어 일반인에게 개방하지 않고 있다.

제490호

# 제주 선흘리 벵뒤굴

**분류**: 자연유산/천연기념물/지구과학기념물/천연동굴  **시대명**: 신생대 제4기  **지정일**: 2008-01-15
**소재지**: 제주특별자치도 제주시  **면적**: 253,899㎡

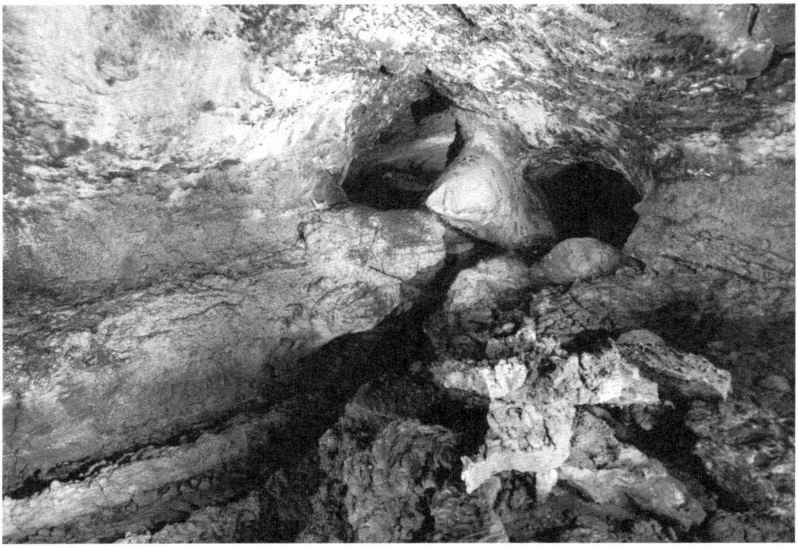

선흘리 벵뒤굴 내부(출처: 국가유산청)

　제주시 조천읍 선흘리 윗밤오름 남쪽 평지에 위치한 벵뒤굴은 거문오름 용암동굴계에 속한 동굴 가운데 하나이다. '벵뒤'는 평지를 뜻하는 제주도 방언으로, 벵뒤굴의 위치가 평탄한 용암대지에 발달한 데서 유래한다.

　총길이 4,481m인 벵뒤굴은 동굴구조가 나뭇가지처럼 상·하·좌·우 복잡한 미로형 동굴로 알려져 있다. 거문오름에서 분출한 용암이 여러 차례 흘러

미로형의 선흘리 벵뒤굴의 용암류 흔적(출처: 한국동굴연구소)

가며 동굴을 만들어 2, 3층의 동굴구조가 발달했으며, 흐르는 용암이 분기 또는 합류하는 현상이 수없이 반복되면서 수직·수평적으로 복잡하게 얽힌 동굴이 형성되었다. 70여 개의 용암석주와 용암교 등이 발달한 것은 이 때문이다. 벵뒤굴은 용암동굴의 형성 과정을 연구하는 데 귀중한 학술적 가치가 인정되어 2007년 만장굴, 김녕굴, 용천동굴, 당처물동굴과 함께 세계자연유산으로 지정되었다.

제509호

# 정선 산호동굴

**분류:** 자연유산/천연기념물/지구과학기념물/천연동굴 **시대명:** 고생대 **지정일:** 2009-12-15
**소재지:** 강원특별자치도 정선군 **면적:** 117,621m

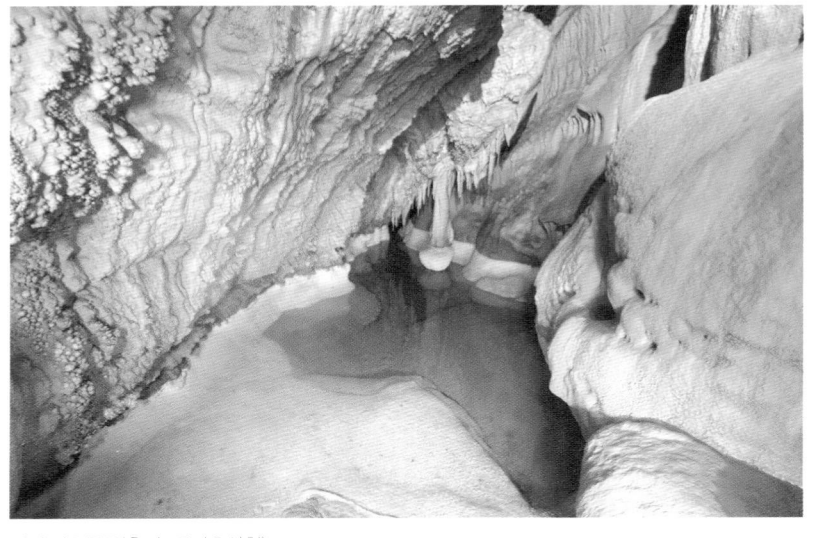

정선 산호동굴(출처: 국가유산청)

　강원도 정선군 북면 여량리 반론산(1,068m) 북쪽 해발 약 800m 부근에 위치한 산호동굴은 하부 고생대 오르도비스기 정선층에 발달한 석회동굴이다. 산호동굴은 총길이 약 2.4km의 경사와 수직 통로가 복합적으로 발달한 다층 미로형 동굴이다.

　산호동굴이라는 이름은 구경 7cm에 달하는 대형 동굴산호를 비롯하여 동굴산호의 분포 면적 등이 다른 석회동굴과 비교하기 어려울 정도로 잘 발달

산호동굴 동굴산호(출처: 국가유산청)

산호동굴 유석(출처: 국가유산청)

되었기 때문에 붙여졌다.

　산호동굴에는 동굴산호 이외에도 종유석, 석순, 휴석, 유석, 곡석, 동굴진주 등 다양한 동굴생성물이 성장하고 있으며, 자연사적 가치가 크다. 현재 산호동굴은 동굴생성물 등의 보호를 위해 공개 제한 지역으로 지정되어 있어 출입하고자 할 때는 국가유산청장의 허가를 받아 출입할 수 있다.

제510호

# 평창 섭동굴

**분류**: 자연유산/천연기념물/지구과학기념물/천연동굴 **시대명**: 고생대 오르도비스기
**지정일**: 2009-12-15 **소재지**: 강원특별자치도 평창군 **면적**: 43,356m

평창 섭동굴(출처: 국가유산청)

　강원도 평창군 평창읍 주진리 장암산(836m) 북서쪽 해발 730m에 위치한 섭동굴은 고생대 오르도비스기에 퇴적된 조선누층군 정선층에 발달한 석회동굴이다. 석회암 채석 중에 발견된 섭동굴의 총길이는 약 700m로 남북방향으로 발달했다. 섭동굴은 지하수면의 변동에 따른 동굴의 형성 과정을 잘 보여 주는 다층구조의 형태이며 수직 통로로 연결되어 있다.

　섭동굴은 총 3개의 층과 4개의 광장으로 이루어져 있다. 상층굴은 동굴의

섭동굴의 종유석과 석회화(출처: 한국동굴연구소)

발달 단계상 마지막 단계로, 동굴수가 거의 유입되지 않아 석화와 곡석이 우세하다. 중층굴인 2층과 3층은 간헐적으로 우기에 동굴수가 유입되어 동굴산호, 석화, 곡석, 종유석, 석순, 유석, 휴석, 베이컨시트bacon sheet가 발달하였다. 최하층굴은 지하수가 흐르는 수로가 발달되어 있을 정도로 지하수의 유입이 많아 종유석, 석순, 석주, 유석 커튼, 석화, 곡석, 동굴진주, 휴석 등 다양한 동굴생성물이 산출된다.

섭동굴은 국내에서 발견되는 석회동굴 중에서 그 경관과 학술적 가치가 뛰어나고 특히 각 층별 석회동굴의 발달 상태와 동굴생성물이 성장과정을 단계별로 관찰할 수 있는 소중한 동굴이다. 현재 섭동굴은 동굴생성물 등의 보호를 위해 공개제한 지역으로 지정되어 있어 관리 및 학술 목적 등으로 출입하고자 할 때에는 국가유산청장의 허가를 받아 출입할 수 있다.

제549호

# 정선 용소동굴

**분류:** 자연유산/천연기념물/지구과학기념물/천연동굴  **시대명:** 고생대 오르도비스기
**지정일:** 2015-01-16  **소재지:** 강원특별자치도 정선군  **면적:** 36,443m

정선 용소동굴(출처: 한국동굴연구소)

 강원도 정선군 화암면 백전리 백전초등학교 용소분교에서 하천 상류가 지나는 곳의 우측 교량을 건너 100m가량 이동하면 용소동굴이 나온다. 용소동굴은 '동굴 안에 용이 사는 연못이 있다'고 해서 붙여진 이름이다. 현재까지 국내에서 발견된 수중동굴 중 길이 약 250m, 수심 약 50m로 가장 큰 규모이다.

 동굴 내부 환경은 생물이 서식하기에 열악한 조건이지만 도롱뇽과 서식

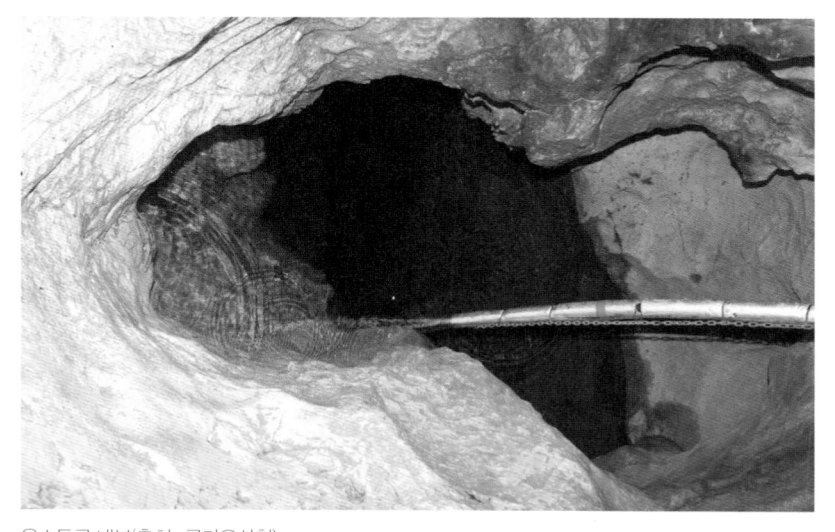

용소동굴 내부(출처: 국가유산청)

어류 등 수중생물이 살고 있다. 또한 몸이 하얗고 눈은 퇴화된 지하수동물의
종 번식 가능성을 충분히 내포하고 있는 것으로 알려져 있다. 동굴생성물은
없으나 호수 구간이 시작되는 지점에서 수중으로 수평, 수직, 경사로 수중동
굴의 통로가 발달해 있다. 용소동굴은 석회암 지역에서 지하수 유동과 석회
동굴의 형성 과정 등을 밝힐 수 있는 중요한 학술적 가치를 지니고 있다.

제552호

# 거문오름 용암동굴계 상류동굴군
## (웃산전굴, 북오름굴, 대림굴)

**분류**: 자연유산/천연기념물/지구과학기념물/지질지형 **시대명**: 신생대 제4기 **지정일**: 2017-01-04
**소재지**: 제주특별자치도 제주시 **면적**: 446,189m

국내 최초 석고 동굴산호가 발견된 웃산전굴(출처: 김련, 한국동굴연구소)

　　제주시 구좌읍 덕천리 일대에 위치한 웃산전굴, 북오름굴, 대림굴은 거문
오름 용암동굴계 형성의 근원지인 거문오름에 가까이 있어 상류동굴군으로
분류된다. 가장 상류에 있는 뱅뒤굴과 해안과 가까운 하류부에 속한 만장굴
사이에서 이 세 동굴이 발견되면서 만장굴, 김녕굴, 용천동굴, 당처물동굴을
생성시킨 용암의 기원이 거문오름이라는 것이 증명되었다.

윗산전굴은 길이 약 2,385m의 대형 동굴로 북오름굴과 연결된 것이 확인되었으며, 국내에서는 처음으로 석고로 된 동굴산호가 발견된 곳이기도 하다.

길이 약 226m의 북오름굴과 길이 약 175m의 대림굴은 용암종유, 용암교, 용암선반 등 다양한 동굴생성물들이 발달한 것이 특징이다.

세 동굴 모두 다양한 동굴생성물이 발달하였고 동굴생태계가 온전하게 유지되고 있어 학술적, 경관적 가치가 크며 2007년 지정된 세계자연유산 거문오름 용암동굴계에 새롭게 추가되었다.

거문오름 용암동굴계 위치도(출처: 세계자연유산센터)

윗산전굴 동굴산호와 석화(출처: 김련, 한국동굴연구소)

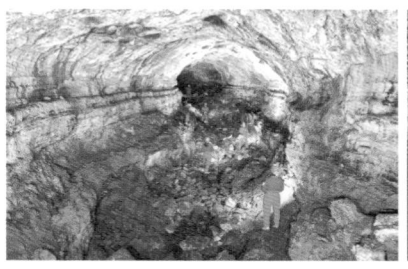

북오름굴과 대림굴(출처: 한국동굴연구소)

제557호

# 정선 화암동굴

**분류**: 자연유산/천연기념물/지구과학기념물/천연동굴 **시대명**: 고생대 캄브리아기
**지정일**: 2019-11-01 **소재지**: 강원특별자치도 정선군 **면적**: 3,010m

화암동굴 내부에 발달한 석화(출처: 김련, 한국동굴연구소)

　강원도 정선군 화암면 소재지에서 북쪽으로 약 2km 지점에 있는 협곡을 흐르는 어천魚川 오른편 산자락에는 국내에서 유일하게 금광과 석회동굴이 함께 어우러진 특이한 동굴이 있어 주목받고 있다. 일제강점기 1934년 금을 캐기 위해 갱도 굴착 작업을 하던 중 우연히 발견된 석회동굴로, 이곳 지역의 명칭을 따서 이름 붙여진 화암동굴이 바로 그곳이다.

　화암동굴은 고생대 캄브리아기 약 5억 4000만~4억 8000만 년 전에 형성

화암동굴 내 대형석순과 유석폭포(출처: 국가유산청)

된 석회암에 발달한 동굴로, 오랜 세월에 걸쳐 지하수에 의해 용식작용을 받아 형성되었다. 갱도로 이용된 굴에는 금광맥의 발견부터 금광석 채취까지의 전 과정을 재연해 놓았으며, 금광석의 생산에서 금제품의 생산 및 용도까지 전 과정을 전시해 놓았다.

천연동굴은 대규모의 공간을 이루어 광장형(장축 약 100m)으로 발달되었으며, 천연동굴 구간에는 대형 석순, 석주, 종유석, 곡석, 석화, 유석 등 각종 동굴생성물이 잘 발달해 있다. 화암동굴 입구 100m 지점의 광장 주변에는 높이 약 8m, 둘레 약 5m의 대형 석순과 높이 약 28m의 유석폭포가 성장하고 있다. 미공개 구간에는 국내 다른 석회동굴에서 볼 수 없는 특이한 모양의 동굴생성물이 많다. 특히 동굴 벽면이나 천장에 피어난 탄산염광물이 성장하여 생성된 석화가 신비로움을 자아낸다. 또한 검은토끼박쥐와 옆새우 등 12종의 희귀 동굴생물이 서식하고 있어 학술적, 생태학적 가치가 높다. 2016년에는 강원 고생대 국가지질공원의 하나로 등재되어 보호, 관리되고 있다.

제578호

# 영월 분덕재동굴

**분류:** 자연유산/천연기념물/지구과학기념물/천연동굴 **시대명:** 고생대
**지정일:** 2024-02-19 **소재지:** 강원특별자치도 영월군

영월 분덕재동굴. 분덕재동굴 내부에는 종유관, 석순, 석주, 곡석, 석화 등의 동굴생성물과 용식공, 건열 등 미지형이 원형 그대로 잘 보존되어 있다. 터널 공사 중 발견된 분덕재동굴의 자연성을 그대로 보존 하기 위해 공사가 중단되고, 현재 폐쇄된 상태다.

분덕재동굴은 2020년 강원도 영월군 영월읍과 북면 마치리 사이의 분덕재 터널 공사 중 발견된 석회암동굴이다. 총 연장길이 약 1.8km로 국내에서 세 번째로 큰 석회암동굴이다.

분덕재동굴 내부에는 종유관을 비롯하여 석순과 석주 그리고 곡석과, 용

석화                                                                         곡석

분덕재동굴 내부의 석화. 동굴 발달의 마지막 단계로, 동굴수의 유입이 적은 상대적으로 건조한 상태에서 탄산칼슘으로 이뤄진 광물 아라고나이트가 녹아 있는 지하수가 동굴 벽이나 천장으로 스며 나오면서 꽃 모양의 동굴생성물인 석화가 형성된다.

분덕재동굴 내부의 곡석. 분덕재동굴 내부에는 중력의 영향을 받지 않은 채 여러 방향으로 직선 모양의 실 형태로 성장하는 동굴생성물인 곡석이 국내에서 유일하게 발견되어 주목받고 있다.

식공, 종유동 등 다양한 동굴생성물이 발달하였다. 특히, 중력의 영향을 받지 않은 사방으로 뻗은 얇은 실 형태로 성장하는 곡석曲石: helictite이 국내에서 처음으로 발견되어 주목을 끌었다. 곡석은 동굴 내의 기류가 거의 없는 밀폐된 곳에서 안개 속의 물분자에 용존된 중탄산칼슘이 중력과 상관없이 2차생성물 표면에 부착되어 상하 전후 좌우로 침적되어 형성된다. 특수한 환경에서 생성되는 곡석과 지하수의 용식에 의해 형성된 종 모양 구멍인 용식공 또한 다수 발달하였다.

이와 같이 분덕재동굴은 국내에서 가장 긴 3m 길이의 종유관과 희소가치가 큰 곡석과 용식공 등 다양한 동굴생성물이 발달하였으며, 건열과 같은 고생대 화석이 나오는 것으로 유명한 마차리층이 갖는 특성도 동굴 내부에서 나타나고 있어 지질학적 가치가 크다. 이런 점이 인정되어 2024년 천연기념물 제578호(영월 분덕재동굴)로 지정, 보호하고 있다.

# 천연기념물 지정 천연보호구역

약 40만~2.5만 년 전 형성된 한라산(제주 서귀포시 토평동)

천연기념물 가운데 특정 지역에 동식물 및 광물·지질 등의 천연기념물이 집중되어 있으며, 생물다양성이 높아 보존가치가 높은 광범위한 지역을 특별히 천연보호구역으로 지정하여 관리하고 있다.

2024년 현재 산지는 설악산과 한라산, 도서는 독도·홍도·마라도·차귀도, 습지는 대암산·대우산, 우포 등 모두 11개 구역이 천연보호구역으로 지정되어 있다.

제170호

# 홍도 천연보호구역

**분류:** 자연유산/천연보호구역/문화및자연결합성/경관및과학성　**시대명:** 신생대 제4기
**지정일:** 1965-04-07　**소재지:** 전라남도 신안군　**면적:** 6,616,357㎡

홍도 천연보호구역

　전라남도 신안군 흑산면에 위치한 홍도紅島는 목포에서 약 115km, 흑산
도에서 약 22km 서쪽으로 떨어진 본섬과 20여 개의 부속섬을 포함하고 있
다. 해안선의 길이가 약 20km밖에 안 되는 작은 섬이지만, 해안의 수많은 기
암괴석과 푸른 바다 그리고 울창한 숲이 함께 어우러져 멋진 풍광을 지녀 '남
해의 소금강'이라 부른다.

　홍도의 경관상 가장 큰 특징은 해안 도처에 수많은 해식동과 해식애가 발

홍도의 해식애와 기암괴석

달해 있다는 점이다. 홍도의 지질은 대부분 선캄브리아기 약 6억 년 전 이전에 형성된 사암과 사암이 변성을 받은 규암으로 이루어져 있다. 또한 암석에 발달한 수직절리를 따라 오랜 세월 침식과 풍화가 진행되고 파랑에 의한 침식을 받아 암석해안의 전형을 보여 준다. 암석은 대부분 붉은색을 띠는데, 이는 암석에 함유된 철분이 산화되었기 때문이다. 홍도라는 명칭은 여기서 유래되었다.

홍도는 위도상 남쪽에 위치한 섬으로 해양의 영향을 많이 받아 1월 평균 기온은 2.4℃(서울 −3℃)로 높은 편이다. 따라서 동백나무, 후박나무를 비롯한 상록활엽수림이 우세하며, 곳곳에 자연 상태로의 원시림이 남아 있다. 더불어 홍도서덜취, 홍도까치수염 등 홍도에서만 서식하는 희귀 식물과 풍란, 석곡, 새우난초 등 우리나라 특산종이 다수 자라고 있다.

또한 홍도는 철새 이동의 통로상에 위치하여 중요한 역할을 한다. 쇠검은머리쑥새, 북방검은머리쑥새, 검은머리쑥새 등의 기착지이며 흑비둘기, 가마우지, 괭이갈매기 등이 월동을 위해 머무는 곳이기도 하다.

홍도는 이와 같이 섬의 지형·지질의 경관이 뛰어나고 식생 및 동물상 등의 생태적 가치가 크다. 보호를 위해 입산이 금지되었으며, 섬에서 나는 돌멩이 하나 풀 한 포기도 채취하거나 반출할 수 없다.

제171호

# 설악산 천연보호구역

**분류:** 자연유산/천연보호구역/문화및자연결합성/경관및과학성 **시대명:** 중생대 백악기
**지정일:** 1965-11-05 **소재지:** 강원특별자치도 속초시 **면적:** 173,595,499㎡

설악산의 최고 비경, 공룡능선

    설악산(1,708m)은 강원도 인제, 고성, 양양, 속초 등 4개의 시와 군 등에 걸쳐 있으며 동서길이 약 18km, 남북길이 약 15km의 면적을 차지한다. 남한에서 한라산(1,950m)과 지리산(1,915m) 다음으로 높은 산으로, 산세가 험준하고 웅장하기로 금강산에 버금가는 남한 제일의 암산巖山이다.

    설악산의 모든 능선에는 수만 가지 형상의 기암괴석과 웅장하고도 거대한 암석과 돌탑이 있으며, 모든 계곡에는 계곡수가 깎아 만든 수많은 폭포, 소沼, 담潭 등으로 가득 차 있다. 설악산을 차지하는 대부분의 암석들은 중생대 백악기인 1억 3000만~7000만 년 전 사이에 지하 4~6km 부근에 관입한 화

강암이다. 가장 넓게 분포하는 설악산화강암을 비롯하여 속초화강암, 울산
화강암 등이 시기를 달리하며 관입하며 다양한 화강암을 만들었다.

　지하 깊은 곳에 있던 화강암은 신생대 제3기 약 2300만 년 전경 한반도 태
백산맥을 만든 경동성傾東性 요곡운동에 의해 급격히 융기하여 지표면 가까
이 올라오게 되었다. 이후 오랜 세월에 걸쳐 침식과 풍화를 받아 화강암을 덮
고 있던 지표물질들이 모두 제거되면서 화강암은 막대한 하중으로부터 벗어
났다. 이로 인해 부피가 급격히 팽창하면서 암석 표면에 수평 또는 수직의 균
열과 틈, 즉 절리가 발생하였다. 이 절리면을 따라 기계적·화학적 풍화와 차
별침식이 오랫동안 진행되어 설악산의 다양한 암석 경관이 만들어진 것이다.

　설악산의 수많은 수직 기암절벽과 뾰족한 암봉들은 수직절리가 발달한 것

지중풍화를 받은 토르의 전형, 흔들바위

으로 공룡능선, 천불동계곡의 천화대, 용아장성 등이 그 예이다. 반면 수평
절리가 발달한 것으로 암석 표면에서 양파가 벗겨나가는 것과 같은 모양의
박리작용이 진행되는데, 울산바위 주변에 수없이 분포하는 둥근 형태의 암
괴들이 그 예이다. 또한 땅속에서 절리를 따라 침투한 수분이 모서리 부분을
풍화시켜 둥근 형태를 띠는 토르tor라고 불리는 핵석核石이 지표에 나타나는
데, 울산바위 밑에 있는 흔들바위가 대표적이다.

그리고 지반의 급격한 융기에 따라 계곡을 흐르는 하천수의 하각河刻작용
이 활발히 진행되어 외설악의 천불동계곡, 죽음의 계곡, 토왕성계곡과 같은
깊은 골짜기가 곳곳에 생겨났다. 또한 계곡을 따라서 내설악의 대승령폭포
와 외설악의 양폭 그리고 내설악의 십이선녀탕과 같은 크고 작은 소와 담도
여러 개 생겨났다.

암석산지의 최고 비경을 간직한 설악산은 반달가슴곰, 사향노루, 산양, 하
늘다람쥐 등의 천연기념물종과 금강봄맞이, 설악금강초롱, 난쟁이붓꽃 등
희귀식물과 멸종위기종 등이 서식하는 곳으로 생물학적으로도 보존 가치가

용아장성

내설악 십이선녀탕계곡의 복숭아탕

큰 곳이다. 이로 인해 우리나라에서는 최초로 1982년 유네스코 생물권 보전
지역으로 지정되어 세계적인 관심을 받고 있다.

제182호

# 한라산 천연보호구역

**분류**: 자연유산/천연보호구역/문화및자연결합성/경관및과학성 **시대명**: 신생대 제4기
**지정일**: 1966-10-12 **소재지**: 제주특별자치도 일원 **면적**: 91,672,346㎡

서귀포에서 바라본 한라산

　남한에서 가장 높은 한라산(1,950m)은 우리나라 최고봉인 백두산(2,750m)
과 쌍벽을 이루며 한민족의 혼과 얼을 상징하는 영산靈山이다. 제주도 사람
들은 흔히 "한라산이 곧 제주도요, 제주도가 곧 한라산이다."라고 말한다. 이
는 지형학적으로 방패를 엎어 놓은 듯한 순상화산체인 한라산과 제주도를
구분 짓기가 쉽지 않기 때문이다.

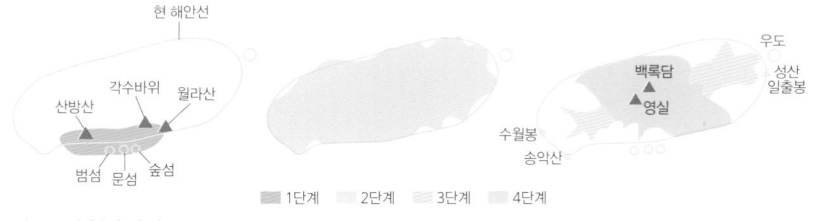

**제주도의 형성 과정**
산방산 서귀포를 잇는 해안선을 중심으로 최초 제주도가 형성(1단계) ··엄청난 양의 현무암질 용암이
열하 분출하여 현재 제주도의 테두리 형성(2단계) ··비교적 점성이 큰 용암이 폭발식 분출하여 한라산
이 솟아오름(3단계) ··기생 화산 형성됨(4단계)

　제주도는 해안에서부터 평지에 가까운 완만한 경사로 이어지다가 정상부
에 이르러 갑자기 크게 용솟음치며 거대한 암벽이 병풍처럼 둘러싼 한라산
이 자리 잡고 있다. 일반적으로 한라산의 경계는 현재 국립공원으로 지정된
남서쪽으로 약 1,000m 고지, 북동쪽으로 약 650~750m 고지를 연결하는 산
세로 한정하고 있다.

　제주도는 약 100만 년 전경 퇴적된 서귀포층 위로 시기를 달리하며 수십
차례에 걸친 화산 분출이 있었다. 이 시기에는 주로 지각의 갈라진 틈을 따
라 점성이 낮고 유동성이 큰 용암이 해안까지 이동하면서 넓은 용암대지를

한라산 주목군락. 윗세오름 부근 해발고도 약 1,400m 고지 일대에 '살아서 천년, 죽어서 천년'. 제주특
별자치도 고산지대 식생을 대표하는 주목군락이 펼쳐져 있다. 지구온난화로 고산지대 기온이 올라가
면서 주목의 식생 생태계가 교란되고 있다.

서부산간에 발달한 분석구들. 영실기암 아래로 서부산간 해발고도 1,300m 부근 볼레오름과 이스렁오름 등이 보이고 그 뒤로 1,000m 부근에 삼형제 오름 등이 산재해 있다. 오름들은 한라산 정상부가 형성된 이후 산록부에서 분출한 분석구들이다.

형성했다. 이 시기는 대략 60만~30만 년 전 사이로 추정되며, 한라산 본체를 제외한 지금의 제주도와 거의 비슷한 모양이었다.

약 30만~10만 년 전 사이에는 이전과는 달리 섬 전역에 걸쳐 유동성이 작고 점성이 높은 용암이 섬 중앙부에서 폭발적으로 분출하여 멀리 흘러가지 못하고 분화구 주변에 높이 쌓이면서 해발 1,700m 이상의 높은 한라산 화산체가 형성되었다. 10만~2만 5,000년 전 사이에는 한라산 화산체의 산록을 따라 분출된 쇄설물들이 주변에 쌓여 형성된 분석구인 성널오름, 어승생오름, 사라오름, 사제비 동산, 능하오름, 볼레오름 등이 생겨나기 시작했다. 마지막으로 약 2만 5,000년 전부터 정상부에서 발생한 여러 차례의 화산 폭발로 한라산 정상부와 꼭대기에 커다란 분화구, 즉 산정호수인 백록담이 형성되었다.

한라산은 육지부와는 달리 아열대, 온대, 한대 등 다양한 기후가 고루고루 분포한다. 따라서 한라산은 저지대의 난대성 식물부터 고산의 한대 식물에

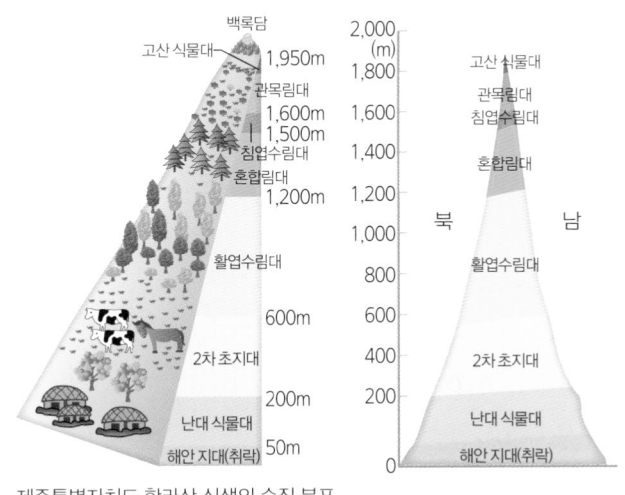

제주특별자치도 한라산 식생의 수직 분포

해발고도 600m 일대부터 1,950m 정상까지는 고도에 따른 기온차를 반영하여 활엽수림대 ‧침엽수림대 ‧관목대 ‧고산식물대 순으로 식생의 수직적 분포가 뚜렷하다. 최근 지구온난화의 영향으로 한라산 고산식물 5종이 멸종하였다. 기온 상승으로 추후 식생에 많은 변화가 있을 것으로 예상된다.

이르기까지 다양한 식물이 뚜렷한 분포를 이루고 있어 생태학적으로 교과서와 같은 곳이다. 또한 우리나라에서 자라는 4,500여 종의 관속管束 식물 가운데 그 절반에 가까운 1,800여 종이 있어 종의 다양성 측면에서 식물의 보물창고라고 할 수 있다.

아울러 고도에 따른 우리나라 식생의 수직적 분포가 가장 전형적으로 나타나며, 육지와 오랫동안 격리되었기 때문에 섬매발톱나무, 한라장구채, 한라개승마, 제주황기, 제주달구지풀과 같은 식물과 제주풍뎅이, 등줄메뚜기, 제주은주둥이벌 등과 같은 한라산만의 희귀하고도 독특한 생태계가 나타난다. 멸종위기를 맞은 동식물 또한 많아서 1966년 한라산 정상을 중심으로 해발고도 600~1,300m 이상의 일부 계곡과 특수한 식물상이 발달한 일부 지역을 천연기념물로 지정, 보호하고 있다. 더 나아가 2007년 '제주 화산섬과 용암동굴'의 이름으로 한라산 천연보호구역이 세계자연유산으로 등재되었다.

제246호

# 대암산·대우산 천연보호구역

**분류:** 자연유산/천연보호구역/자연과학성/특수생물상 **시대명:** 신생대 제4기
**지정일:** 1973.07.13 **소재지:** 강원특별자치도 양구군 **면적:** 46,239,297㎡

대암산 고층 습원 큰용늪(출처: 강원관광)

　강원도 양구군 해안면사무소가 위치한 곳은 주변이 산지로 둘러싸인 분지를 이루고 있는데, 그 모습이 마치 화채 그릇 같아 펀치볼Punch Bowl이라 부른다. 펀치볼과 이를 둘러싼 서쪽의 대우산(1,179m)과 남쪽의 대암산(1,304m), 도솔산 그리고 대암산 정상 부근의 큰용늪과 작은용늪을 포함하는 지역은 1973년 천연기념물로 지정되었다. 이곳이 천연보호구역으로 지정된 이유는 펀치볼이라 불리는 침식분지의 원형이 발달하였으며, 대암산 정상

국내 침식분지의 원형, 해안면 침식분지

부근에 국내 유일의 고층 습원이 발달하여 독특한 생태계를 유지하고 있기 때문이다.

펀치볼 침식분지는 800~1,300m 높이의 주변 산지로 둘러싸여 있으며, 분지의 고도는 400~500m이다. 지름은 약 10km로 한때 운석이 떨어져 생성된 분화구라는 설도 제기되었다. 이는 화강암과 편마암 간의 차별침식에 의해 형성된 것으로, 분지 중심의 화강암이 분지를 둘러싼 주변 산릉의 편마암보다 침식과 풍화에 약하여 보다 빨리 깎여나가 중심부가 저지대인 분지를 형성한다.

늪과 못은 일반적으로 하천 주변 범람원의 배후습지에 형성된다. 그러나 1,200~1,300m 일대의 고산지대에 습지가 발달한 곳은 국내에서 이곳이 유일하다. 이처럼 고지에 습지가 발달할 수 있었던 이유는 습지 바닥에 식물이 썩지 않은 채 미분해 상태로 집적된 유기물층인 이탄泥炭층이 평균 1m가량 쌓여 스펀지 역할을 하며 물을 머금어 수위를 높여 주었기 때문이다.

현재 작은용늪은 식생이 자라 숲으로 변하였으며 큰용늪은 끈끈이주걱, 통발 등 식충식물을 비롯하여 물이끼, 비로용담, 금강초롱, 장백제비꽃, 큰비단분취 등 특이한 식물들이 자생하고 있다. 또한 도롱뇽과 무당개구리 등이

대암산

비로용담

금강초롱

서식하며 주변 대암산에는 검독수리와 산양이, 두타연계곡에는 열목어·어름치 등의 특산어류가 서식하고 있다.

학술적 가치가 큰 곳이기 때문에 환경부는 대암산 용늪을 보존하기 위해 1989년 생태계 보전지역으로, 1999년 습지보호지역으로 각각 지정했다. 1997년에는 람사르협약(습지에 관한 국제협약) 국내 습지 1호로 등재되었다.

제247호

# 향로봉·건봉산 천연보호구역

**분류**: 자연유산/천연보호구역/자연과학성/특수생물상 **시대명**: 신생대 제4기
**지정일**: 1973-07-13 **소재지**: 강원특별자치도 인제군 **면적**: 106,671,207㎡

생태계가 잘 보전된 향로봉과 건봉산 일대의 천연보호구역(출처: 국가유산청)

강원도 인제군 서화면과 고성군 간성읍과 수동면에 걸쳐 있는 칠절봉 (1,171m)·향로봉(1,290m)·건봉산(907m)으로 이어지는 태백산맥의 해발 600m 이상의 고지대는 사람의 손이 거의 닿지 않는 원시림 그대로의 자연성을 유지하고 있으며, 동·식물상 또한 잘 보존되어 있다. 동서로 이어지는 248km의 비무장지대 가운데서도 산림이 가장 잘 보존된 지역이기도 하다.

다만 고성군 간성읍에서 진부령을 지나 인제군 북면 용대리 황태마을로 이어지는 46번 국도가 생태계에 일부 영향을 주고 있다.

이곳은 서어나무류, 사스래나무, 층층나무 등이 서식하고 있어 우리나라 중부 온대 낙엽활엽수림의 전형을 살펴볼 수 있다. 또한 우리나라 특산식물인 금강초롱, 갈잎용담, 채꽃, 산부추 등 고산식물 또한 군집을 이루고 있다. 아울러 식물 분포상 금강산과 설악산의 식물상을 연결하는 중간지대로서 그리고 태백산맥의 동서 식물상을 비교 연구하기에도 적합한 곳이다.

이곳 산지에는 수달, 사향노루, 산양, 하늘다람쥐 등의 희귀 포유류가 서식하며 계곡에는 산천어, 칠성장어, 금강모치 등 특이종 어류가 서식하는데, 모두 보호종으로 생태적으로 중요한 의미를 가진다. 현재 이곳은 보존을 위해 일반인의 출입을 제한하고 있으며, 출입 시에는 국가유산청장의 사전 허가를 받아야만 한다.

박쥐나무

채꽃

참비비추나무

참나리

향로봉·건봉산 천연보호구역은 사람의 손이 닿지 않은 천연의 숲이 잘 유지되어 다양한 동식물상이 보존되어 있다.

제336호

# 독도 천연보호구역

**분류**: 지연유산/천연보호구역/문화및자연결합성/영토적상징성  **시대명**: 신생대 제3기
**지정일**: 1982-11-20  **소재지**: 경상북도 울릉군  **면적**: 187,554m

해저화산의 보고, 독도(출처: 외교부)

경상북도 울릉도에서 남동쪽으로 약 86km 떨어진 곳에 있는 독도는 울릉도와 함께 동해의 깊은 해저에서 여러 차례에 걸쳐 솟구친 용암이 오랫동안 굳어지면서 생겨난 화산섬이다. 독도는 길이 약 450m, 높이 약 88m인 동도東島와 길이 약 500m, 높이 약 168m인 서도西島로 이루어져 있으며, 두 섬은 폭 110~160m, 깊이 약 10m, 길이 약 330m인 물길을 사이에 두고 서로 나뉘어 있다.

서도

　해상에 노출된 독도 상부는 약 460만~250만 년 전 사이에 형성된 것으로, 약 180만~1만 년 전 사이에 형성된 울릉도, 그리고 약 100만 년 이전부터 현세에 이르기까지 화산 활동이 있었던 제주도에 비해 훨씬 이전에 형성된 섬이다.

　독도는 해수면 위로 드러난 자그마한 바위섬에 불과하다. 독도는 상대적으로 작은 동도와 서도를 제외하고는 대부분이 해수면 아래에 있다. 동해의 바닷물이 모두 빠져나간다면 독도는 더 이상 눈에 보이는 작은 바위섬이 아니라 한라산(1,950m)보다 높은 약 2,270m의 고도를 가진 거대한 원추형 화산체의 모양이다.

　울릉도와 독도는 하와이제도, 에콰도르령 갈라파고스제도와 마찬가지로 열점 분출(맨틀 심부에서 고정된 위치에서 뜨거운 마그마를 분출하는 방식)에 의해 형성된 해저화산체이다. 울릉도는 약 140만~1만 년 전까지 수면 위로 분화가 지속되어 약 1,000m 높이(성인봉 986.5m)의 섬을 이루었다. 약 1만 년 전부터 화산 활동이 멈췄지만 과거에는 해저 지각 깊은 곳에 열점이 존재했다.

**울릉도-독도 해저화산체**

현재 바다 위에 모습을 드러낸 울릉도와 독도의 해저에는 5개의 해저화산체가 존재한다. 이들 해저화산체는 열점 분출 방식에 의해 생성된 것으로 열점사슬로 이어진 것이다. 열점은 울릉도에 위치하고 있으며, 해저 지각판이 남동 방향으로 이동하면서 이사부, 심흥택, 독도, 안용복, 울릉도 순으로 해저화산체가 형성되었다.

고정된 열점에서 마그마가 분출하는 동안 해저 지각은 서서히 남동 방향으로 이동했다. 이로 인해 울릉도에서 동쪽으로 안용복해산, 독도, 심흥택해산, 이사부해산으로 이어지는 열점 사슬의 해저화산체가 형성되었다.

독도가 위치한 독도해산은 동해 깊은 바닥에서 약 2,100m 높이로 솟아 있고 밑바닥 지름이 25~30km, 정상부는 11~13km에 달한다. 그리고 수심은 약 200m 미만이며, 면적 약 78km²에 이르는 정상부는 2° 이하의 경사를 가진 완만한 지형을 이룬다. 독도해산의 정상부 중앙 지역에는 긴지름 약 2.5km, 짧은지름 약 1.5km의 원형을 이루는 함몰화구인 칼데라caldera가 형성되어 있는 것으로 알려졌다. 지금 해수면 위의 독도는 원형을 이루는 이 칼데라의 중심화도에서 수백m 남서쪽에 위치한 화구의 가장자리 일부에 해당되는 것으로, 해수와 해풍에 의해 붕괴되지 않고 파식에 견디고 남아 있는 일부에 해당된다.

독도는 동해안 지역에서 바다제비, 슴새, 괭이갈매기가 번식하는 유일한 서식지이자 철새 기착지로서 생태학적 가치가 인정되어 '독도 해조류 번식

포란 중인 괭이갈매기(출처: 외교부)

지'라는 명칭으로 천연기념물로 지정하여 보호해 왔다. 이후 해저화산의 성장과 진화의 모든 과정을 살필 수 있는 화산섬의 보고로서 그리고 독특한 육상과 해양식물상 등 다양한 자연사적 가치가 인정되어 1999년 '독도 천연보호구역'으로 명칭이 변경되었다.

제420호

# 성산일출봉 천연보호구역

**분류:** 자연유산/천연보호구역/문화및자연결합성/경관및과학성 **시대명:** 신생대 제4기
**지정일:** 2000-07-18 **소재지:** 제주특별자치도 서귀포시 **면적:** 5,019,648m

세계적으로 보기 드문 수성화산체 응회구, 성산일출봉(출처: 제주영상문화산업진흥원)

    제주시 성산읍 성산리 동쪽 해안에는 제주도의 대표 일출 명소로서 많은 사람들이 찾는 성산일출봉이 있다. 해발고도 182m의 성산일출봉의 정상에 올라서면 지름 약 600m, 깊이 약 100m의 8만여 평에 달하는 움푹 파인 커다란 요凹자형의 분화구가 눈에 들어온다. 그 모습이 다이아몬드 반지에서 다이아몬드를 뗀 반지와 흡사하다고 해서 '다이아몬드 헤드diamond head' 지형이라고도 한다.

성산일출봉 정상

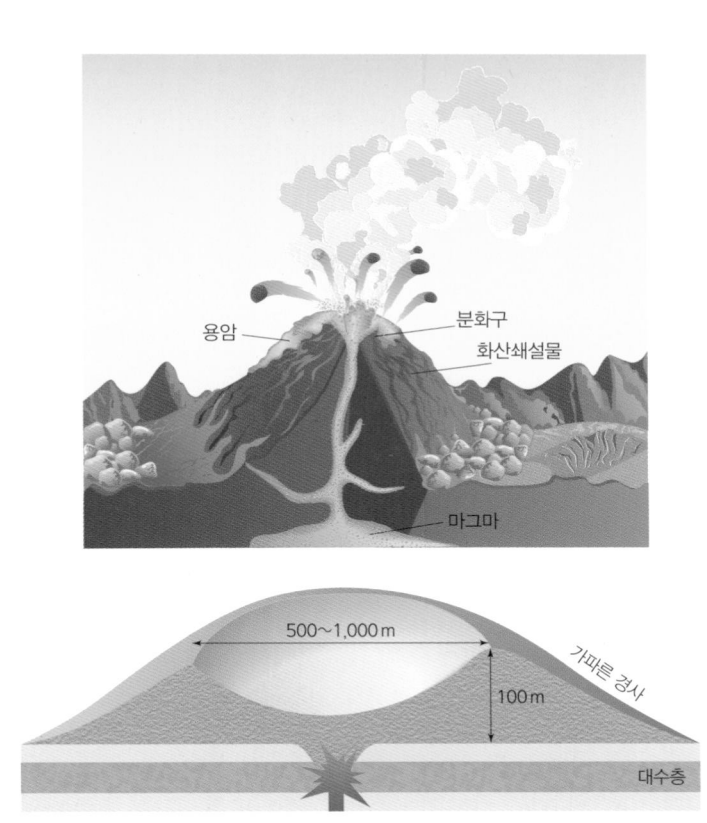

용암

분화구

화산쇄설물

마그마

500~1,000 m

가파른 경사

100 m

대수층

**성산일출봉 응회구 형성 과정**
고열의 마그마가 차가운 물과 만나면서 엄청난 수증기가 폭렬하면서 주변 지형이 파괴되어 화산쇄설
물이 하늘 높이 솟아올랐다. 솟아올랐던 화산재와 화산쇄설물이 화구 주변에 100m 이상 쌓여 왕관 모
양의 거대한 분화구를 형성하였다.

성산일출봉은 용암의 분출로 형성된 오름, 즉 분석구 가운데 하나로, 한라산 기슭에 발달한 분석구와는 분화환경이 다르다. 송악산과 수월봉처럼 육지가 아닌 수중 또는 물과의 접촉으로 생성된 수성화산체에 속한다. 약 6,000~5,000년 전 얕은 바다에서 약 2,000℃에 가까운 고온의 용암이 지표로 분출되면서 해수와의 접촉으로 식는 과정에서, 물은 급격히 끓어오르며 압력이 증대되어 수백 미터의 물기둥이 솟구쳐 오르는 강력한 폭발 분화가 일어났다. 그 폭발로 인해 부스러진 해저의 지표 물질과 화산재가 하구 주변에 쌓여 지금의 성산일출봉의 화산체가 형성되었다.

분화구가 지면보다 훨씬 높은 곳에 위치하고 화산재층이 30℃ 내외의 큰 경사와 100m 이상(이하는 응회환이라함)의 수성화산체를 응회구tuff cone라고 하는데, 성산일출봉이 이에 해당된다. 이러한 다이아몬드 헤드지형은 전 세계적으로 하와이제도와 이곳에만 있기 때문에 학술적 가치가 매우 크다.

성산일출봉 일대의 주변 해역은 청정해역으로 주변 조간대의 다양한 해조식물이 서식하고 있는 것으로 밝혀졌다. 녹조류, 갈조류, 홍조류 등 127종을 비롯하여 아직 확인되지 않은 종을 포함한 총 177종의 해양동물이 함께 서식하고 있어, 우리나라의 해산海産 동식물 연구에서 매우 주목받는 지역이다. 그리고 세계적으로 보기 드문 수성화산체로서 그 원형을 잘 보전하고 있어, 2007년 '제주도 화산섬과 용암동굴'이란 주제로 유네스코 세계자연유산에 등재되었다.

제421호

# 문섬·범섬 천연보호구역

**분류:** 자연유산/천연보호구역/자연과학성/해양생물상 **시대명:** 신생대 제4기 **지정일:** 2000-07-18
**소재지:** 제주특별자치도 서귀포시 **면적:** 9,196,822㎡

주상절리가 발달한 범섬

주상절리와 해식동이 발달한 범섬 　　　　　　　　　　 부챗살 모양의 주상절리가 펼쳐진 문섬

　　제주도 서귀포시 앞바다에 있는 5개의 무인도 중 서귀포항 앞의 문섬과 법환동 앞의 범섬이 가장 주목받고 있다. 문섬은 식생이 자라지 못하는 민둥섬이라 하여 민섬이라 불리다가 일제강점기 '모기가 많은 섬'이란 뜻에서 문도蚊島라고 불렸으며, 범섬은 섬의 형태가 호랑이가 웅크린 모습과 같다고 하여 호도虎島라는 이름을 얻기도 했다.

　　문섬과 범섬은 제주도의 기반암인 현무암이 아닌 산방산과 같이 제주도 형성 초기인 약 80만 년 전경에 분출한 조면암으로 이루어져 있다. 독립화산체였던 두 섬은 오랜 세월 파랑과 해풍 등에 의해 침식과 풍화를 받아 깎여나가 현재의 모양만이 남아 형성되었다. 섬 전체에 수직의 주상절리가 발달하였으며, 해식에 의한 절벽과 동굴이 발달하여 경관이 뛰어나다.

　　두 섬은 제주도 상록수림지대의 원래 식생이 그대로 보존되어 있으며, 제주도에만 자생하는 보리밥나무, 큰보리장나무, 후박나무 등 희귀종이 생육하고 있어, 남방계 생물종의 다양성을 대표하고 있다. 또한 해역에서는 다수의 특산종과 미기록종이 발견되었으며 우리나라 최대의 산호초군락지를 형성하고 있다. 이와 같이 두 섬은 경관이 우수할 뿐만 아니라 학술적·생태적 가치 또한 뛰어나 2006년 보호구역으로 지정되었다.

제422호

# 차귀도 천연보호구역

**분류:** 자연유산/천연보호구역/자연과학성/해양생물상 **시대명:** 신생대 제4기 **지정일:** 2000-07-18
**소재지:** 제주특별자치도 제주시 **면적:** 5,655,927㎡

제주도에서 가장 큰 무인도, 차귀도

    제주도 동쪽의 성산일출봉이 일출의 으뜸이라고 하면, 일몰은 단연코 서쪽 수월봉 앞바다의 차귀도를 들 수 있다. 차귀도는 1973년까지는 사람이 살았지만 현재는 무인도이다. 이후 일반인의 출입이 제한되어 오다가 2011년 말부터 하루 100명의 탐방 인원 제한 조건으로 일반인에게 개방되었다.

    죽도, 지실이도, 화단섬의 3개의 섬으로 된 차귀도는 약 18,000년 전 수월

차귀도

봉과 마찬가지로 화산 분출로 화산재와 화산쇄설층이 쌓여 형성된 응회암으로 이루어져 있다. 그리고 본래 거대한 수월봉 응회환 외륜外輪의 일부로 수월봉과 하나로 연결되어 있었다. 수월봉 응회환이 형성된 이후 해수와 해풍에 의해 오랜 침식을 받아 모두 깎여나가고 침식에 강한 일부가 바다에 남아 섬이 된 것이 지금의 차귀도이다.

주변 경관이 뛰어난 차귀도에는 공식적으로 학계에 발표되지 않은 기는비단잘록이를 비롯해 어깃꼴거미줄, 나도참빗살잎, 각시헛오디풀 등의 한국 미기록 신종 식물들과 학계에 알려지지 않은 아열대 수역에 서식하는 다수의 해조류 등 특이생물이 서식하고 있다. 차귀도의 이러한 생물학적인 가치를 인정하여 2010년에는 유네스코 세계지질공원으로 등재되었다.

제423호

# 마라도 천연보호구역

**분류:** 자연유산/천연보호구역/문화및자연결합성/영토적상징성 **시대명:** 신생대 제4기
**지정일:** 2000-07-18 **소재지:** 제주특별자치도 서귀포시 **면적:** 5,745,202㎡

국토 최남단에 위치한 마라도

    제주도 서귀포시 대정읍 앞바다 가파도보다 더 아래 있는 마라도는 우리 나라 최남단에 위치한 유인도이다. 동서길이 약 500m, 남북길이 약 1.3km 의 타원형으로 총면적 0.3㎢에 이르는 작은 섬이다. 섬의 남단에는 한국 최 남단을 알리는 '대한민국최남단비'가 세워져 있다.

    마라도는 검은색 현무암이 대부분을 차지하고 전체적으로 평탄한 지형을 이룬다. 동쪽과 북서쪽 해안은 약 20m 높이의 해식애와 해식동이 발달할 만

국토 최남단을 알리는 비석, 대한민국최남단비

큰 높지만, 남서쪽 해안은 경사가 낮다. 해안가에 겹겹이 쌓인 여러 층의 용암류으로 보아, 유동성이 큰 현무암질 용암이 다량 여러 차례에 걸쳐 흘러와 쌓였음을 알 수 있다. 반면 뜨거운 유동성 용암이 얼음이나 물 속으로 흘러나올 때 만들어지는 베개용암pillow lava이 발견되지 않는 것으로 보아 해저가 아닌 육상에서 화산 폭발로 형성된 섬으로 추정된다.

마라도 일대의 해도를 근거로 등수심선 20m선을 연결하면 대략 마라도가 생성될 때의 원지형 복원이 가능하다. 화산 활동이 종료된 시점의 마라도는 지금보다 약 3배가량 더 큰 화산체를 이루고 있었을 것으로 추정된다. 마지막 빙하기 당시에는 해수면이 현재보다 약 120m가량 낮았기 때문에 육지환경이었을 것으로 추측할 수 있다. 이후 빙하기가 지나가고 해수면이 상승하면서 현재의 해수면을 이룬 6,000년 전 이전까지 지속적인 파랑과 해풍에 의한 침식으로 깎여나가 지금의 모습으로 남게 되었다.

마라도는 해산동물의 경우 해면동물 6종, 이매패류 8종, 갑각류 4종 등의 한국 미기록종이 발견되고 있으며, 해조류의 경우 난대성 해조류가 잘 보존되어 녹조류, 갈조류, 홍조류 등 총 72종이 자라고 있는 것으로 밝혀졌다. 이와 같이 마라도는 제주도나 육지 연안과는 매우 다른 해양 동식물의 특징을 띠고 있다.

제524호

# 창녕 우포늪 천연보호구역

**분류:** 자연유산/천연기념물/자연과학성/특수생물상  **시대명:** 신생대 제4기  **지정일:** 2011-01-13
**소재지:** 경상남도 창녕군  **면적:** 3,438,056㎡

우리나라 최대 자연늪지, 우포

  경상남도 창녕읍에서 서북서 방향으로 약 6km 떨어진, 유어면 대대리
와 세진리, 이방면 안리, 대합면 주매리 일원에 걸쳐 있는 우포늪은 둘레 약
7.5km, 면적 약 3,438,000m²로 우리나라 최대의 자연 늪지이다.

  장마철 홍수 때면 매년 토평천의 물이 낙동강으로 흘러들지 못하고 오히
려 역류하여 수위가 무려 5~6m나 높아진다. 이로 인해 끝이 보이질 않을 만
큼 거대한 호수가 만들어졌다가, 장마가 끝나면 어느새 다시 늪지로 변하는

변신을 거의 거듭한다. 다른 지방의 늪에서는 찾아보기 어려운 독특한 현상이다.

이곳 사람들은 "하늘에 천지가 있다면 땅에는 우포늪이 있다."라고 말한다. 우포늪은 반은 물이며, 반은 뭍인 늪지로 '물에 푹 젖은 땅'이라는 표현이 딱 들어맞는다. 이러한 지형을 지형학 용어로는 '배후습지背後濕地'라고 하는데, 홍수 시 하천의 주기적인 범람에 의해 하천 양안에 형성되는 자연제방 뒤편에 만들어진다.

낙동강 본류에 합류하는 황강이남의 창녕에서 밀양강 합류 지점 사이에 이르는 지역에는 특이하게도 우포늪을 비롯한 많은 습지가 발달해 있다. 이곳에 습지가 많은 이유는 이 지역을 흐르는 낙동강의 하상河床경사가 1/10,000 정도로 침식 기준면인 해수면에 가까울 만큼 매우 완만하여 장마철 홍수가 지면 낙동강이 물이 쉽게 범람하여 주변 저지대가 침수되기 때문이다.

우포늪은 낙동강의 지류 가운데 하나인 토평천의 범람에 의해 형성된 늪지이다. 우포늪은 빙하극성기였던 약 1만 8,000년 전부터 지구가 온난해지면서 현재의 해수면을 유지하게 된 약 6,000년 전경 이후까지 현재의 모습을 갖춘 것으로 추정된다. 빙하기가 끝나고부터 해수면의 상승으로 낙동강 본류 또한 남해로 쉽게 흘러가지 못하고 밀물과 썰물의 영향을 크게 받았다. 그러자 장마철 홍수가 나면 지류인 토평천 물 또한 본류인 낙동강으로 쉽게 흘러들지 못하고 오히려 역류하면서 반복적으로 범람이 거듭되었다. 그 결과 토평천 중류 일대는 넓은 호소지대가 형성되기 시작하면서 지금의 우포늪이 형성되었다.

우포늪은 물과 뭍의 점이적 생태계의 모체로서 습지가 가지는 높은 생명력과 기능을 두루 갖춘 곳이다. 먹이사슬이 잘 형성된 건강한 생태계를 유지하며, 다양한 곤충과 어류 그리고 수생식물 등 담수생물상이 나타난다. 이러

생태계의 보고, 우포

한 다양한 식물류는 수질 정화뿐만 아니라 이산화탄소를 흡수하고 산소를 발생시켜 지구온난화 방지에도 기여한다. 또한 새들의 천국으로 여름과 겨울 철새들의 서식지이자 기착지로 생태적 가치가 크다.

　그야말로 우포늪은 다양한 생물들이 서식하는 유전자 자원의 보고寶庫로 '살아 있는 자연사 박물관'이라 표현할 수 있다. 우포늪은 이러한 자연사적 가치가 인정되어 1997년 생태계 보전지역, 1998년 람사르협약에 의한 국제 보호습지로 지정되었다.

# 6.
# 천연기념물 지정 추천 명소

**대이작도 풀등(인천 옹진군 자월면)**

국내 곳곳에는 현재 천연기념물로 지정될 만큼의 경관이 수려하고 지형·지질학적 가치와 더불어 생물다양성을 지닌 지형·지질 명소들이 넘쳐나고 있다. 그 가운데 일부 지역은 특별하게 지형경관이 뛰어나고 지질학적 특수성을 지닌 곳임에도 불구하고 제대로 발굴 및 관리가 안된 채 무단 방치된 곳도 적지 않다.

지형·지질자원은 후손에게 물려주어야 할 소중한 국가의 유형 자연유산이다. 이 장에서는 여러 지형·지질 명소 가운데 속히 천연기념물로 지정되어 보존 관리가 시급히 이루어져야 할 필요가 있는 곳들을 소개하고자 한다.

# 옹진 장봉도 장봉편암

소재지: 인천광역시 옹진군 북도면 장봉리

장봉도 쪽쪽골해안의 장봉편암과 동, 서만도

　인천광역시 옹진군 장봉도 남서쪽 쪽쪽골해안에는 선캄브리아대 퇴적기원의 호상편암인 장봉편암의 전형적인 암상을 살펴볼 수 있다. 석영으로 주로 구성된 사암과 석회성분이 함유된 이암이 반복적으로 퇴적된 지층이 열과 압력에 의해 변성작용을 받아 규암과 점판암으로 변성된 줄무늬 모양의 편암이 해안 곳곳에 나타난다.

　장봉편암이 나타나는 쪽쪽골해안에서는 엽층리, 소습곡, 차별침식, 관입, 절리, 단층, 부딘구조 등의 다양한 지질구조와 돌개구멍, 그루브grove, 해식동굴, 해식절벽, 해식대지 등의 다양한 해식지형을 관찰할 수 있다. 장봉편암

254

쪽쪽골해안 장봉편암의 소습곡구조　　　　　　　　　쪽쪽골해안 장봉편암의 차별침식

의 가장 큰 특징은 물결무늬처럼 휘어져 보이는 선명한 소습곡 구조를 지녀 자연의 아름다움을 느끼게 한다는 점이다.

　장봉편암의 표면을 자세히 살펴보면 풍화와 침식에 강한 밝은색을 띤 규암층은 돌출되어 있는 반면, 석회성분이 함유된 검은색 점판암층은 풍화와 침식에 약하여 많이 깎여나가 상대적으로 깊이 파인 요철凹凸 모양으로 굴곡진 전형적인 차별침식 현상이 나타난다.

　쪽쪽골해안가로는 등산로가 나 있고 간조 때는 해안을 따라 노출되는 개티(밀물 때는 바닷물에 잠기고 썰물 때는 드러나는 조간대를 일컫는 말)길을 따라 이동하면서 장봉도 최고로 풍광이 뛰어난 장봉편암을 살펴볼 수 있다. 이곳을 찾는 사람들은 장봉편암의 미려한 경관을 두고 마치 해안의 '자연의 수석공원'을 전시해 놓은 것 같다는 찬사를 아끼지 않고 있다. 장봉도 쪽쪽골해안에 노출된 장봉편암의 노두는 줄무늬 편암과 소습곡 구조의 전형적인 암상을 보여 주고 있어 천연기념물로 지정할 만한 충분한 가치를 지닌 곳이다.

# 옹진 소굴업도 해식와

**소재지: 인천광역시 옹진군 덕적면 굴업리**

굴업도 큰말해수욕장에서 바라본 소굴업도

 인천광역시 옹진군 굴업도의 큰말해수욕장 동쪽에 위치한 소굴업도(토끼섬)는 간조 때만 건너갈 수 있는 목섬으로, 토끼섬의 동쪽해안에는 해식대지를 비롯해 우리나라에서 가장 큰 규모(길이 약 120m, 높이 3~5m)의 해식와海蝕窪가 발달해 있다. 해식와란 해식절벽 하단부에 생기는 해식동과 해식동이 수평방향으로 이어진 지형을 말한다.

 소굴업도의 지질은 중생대 백악기 말 화산 활동으로 형성된 응회암질로 구성되어 있다. 이 응회암은 연회색을 띠며 암편이 존재하는 라필리 응회암

소굴업도의 해식대지와 해식와

lapilli(응회암 약 2~64mm 크기의 화산자갈로, 완두콩에서 호두 크기의 화성쇄설물로 이루어진 응회암)의 특징을 지닌다. 굴업도와 소굴업도를 연결하는 일대는 기존의 응회암을 화강반암이 관입하고 있다.

소굴업도의 해식와는 백악기 말 약 6500만 년 전 화산 활동으로 형성된 응회암층이 신생대 제3기 말 약 250만 년 전까지 육상상태에서 오랫동안 침식을 받았다. 이후 제4기 초 약 200만 년 전부터 빙하의 성쇠에 따라 해침과 해퇴가 반복되면서 바닷물에 의한 풍화와 침식을 받아 생성된 것으로 추정된다. 소굴업도의 해식와는 밀물 때 해식와 상부면까지 바닷물에 잠기는데, 밀물과 썰물 때 바닷물에 의한 파식작용과 염풍화작용이 해식와의 발달을 가속시키고 있다.

소굴업도의 해식와는 우리나라에 발달한 해식와 가운데 가장 규모가 크고 경관 또한 뛰어난 해식지형으로 평가받고 있으며, 해식지형의 발달과정 연구에 학술적 가치가 커 천연기념물로 지정, 보호할 필요가 있다.

# 옹진 대이작도 풀등

소재지: 인천광역시 옹진군 자월면 이작리

대이작도 풀등 항공사진

인천광역시 옹진군 자월면 대이작도 남쪽바다에는 밀물 때면 바다에 잠기고 썰물 때면 모습을 드러내는 풀등이라고 부르는 거대한 모래섬이 있다. 대이작도의 숨겨진 비경이라 할 수 있는 풀등은 조수간만의 차가 가장 큰 사리 때는 길이 약 5km, 폭 약 1km의 크기에 달한다.

대이작도에서 풀등에 가려면 작은풀안해수욕장의 동단에 설치된 풀등선착장에서 작은배를 타야한다. 풀등에 도착하여 풀등의 모래표면을 살펴보면 파도에 의해 만들어진 현생 물결무늬 자국을 발견할 수 있고, 군데군데 검은색의 가루들이 모여 있는 것을 볼 수 있는데, 이는 자성을 띤 자철석 가루다.

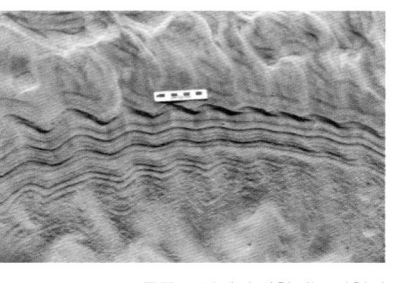
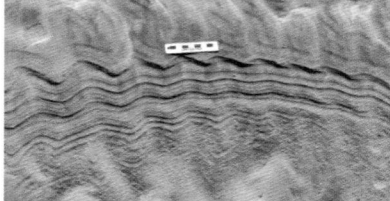

풀등 표면에 발달된 현생 연흔                         풀등 표면에서 관찰되는 자철석

    풀등은 한강과 임진강 하구에서 바다로 유입된 토사들이 운반되어 조류가 약한 대이작도 앞바다에 쌓여 형성된 것으로, 해류와 조류 그리고 바람의 방향을 받아 움직이기 때문에 모양이 조금씩 변한다.

    풀등은 바다에 나타나는 특이한 지형경관으로, 넙치, 가자미 등의 어류와 백합, 맛조개 등의 패류와 기타 저서생물의 주요 서식지로서 환경적 가치가 높아, 해양수산부에서는 이작도 일원의 해역을 2003년 12월 31일 생태계 보전지역 제4호로 지정하여 보호하고 있다.

    그러나 풀등과 인접한 굴업도 해상에서 건축용 해사를 채취함에 따라 해류와 조류의 흐름과 세기가 변하여 풀등의 모래 유실로 그 면적이 점점 줄어들고 있어 천연기념물로 지정하여 보호하는 것이 시급하다.

대이작도 주변해역 생태계 보전지역

# 고성 운봉산 주상절리 테일러스

소재지: 강원특별자치도 고성군 토성면 운봉리

운봉산 주상절리 테일러스

　강원도 고성군 토성면 운봉산(250m) 일대의 7부 능선 이상의 고도에는 쥐라기에 생성된 흑운모화강암을 원통상으로 관입한 신생대 제3기의 현무암이 나타난다.

　운봉산 정상 부근에는 주상절리 현무암이 풍화와 침식을 받아 산사면으로 떨어져 나와 큰 강물이 흐르다가 멈춘 것처럼 암석조각들이 쌓여 있는 테일러스(애추)가 4~5개가 나타난다. 테일러스의 암편들은 직경이 10~40cm이고 길이가 30~200cm 정도로 다양하고 5~6각형의 기둥 모양을 하고 있으며, 일반적으로 암편들은 위쪽으로 갈수록 크기가 커진다.

고성 운봉산 주상절리 테일러스 분포

운봉산 주상절리 테일러스

　운봉산의 테일러스는 대구 비슬산과 밀양 만어산의 암괴류와 천황산 얼음
골의 애추와 같이 마지막 빙하기인 약 10만 년 전경 솔리플럭션과 토양포행
의 영향을 받은 결과로 추정된다. 산 정상 부근에서 기계적 풍화에 의해 생긴
암설들이 영구동토층의 이동을 따라 산비탈을 내려오다가 무너지거나 또 하
나둘씩 모암에서 분리되어 떨어져 굴러 내려와 쌓였을 것이다.

　고성 운봉산처럼 현무암 주상절리가 발달된 테일러스는 다른 지역에서 관
찰하기 어려울 정도로 희귀하며, 마그마의 근원과 형성 과정을 유추할 수 있
는 등 학술적 가치가 커 천연기념물로 지정, 보호할 필요가 있다.

# 제주 서귀포 정방폭포

**소재지:** 제주특별자치도 서귀포시 칠십리로 214번길 37

제주 서귀포 정방폭포

제주도 서귀포시 동흥동 앞바다에는 국내에서 유일하게 폭포수가 바다로 바로 떨어지는 정방폭포가 있다. 한라산 남부 사면을 흘러내린 동흥천이 바로 폭포 형태로 해안절벽을 수직 20여m 떨어져 바다로 흘러든다. 높이 약 23cm, 폭 약 8m, 깊이 약 5m의 정방폭포는 정방동조면암으로 구성되어 있다.

약 50만~40만 년 전 분출한 정방동조면암은 주상절리가 잘 발달하였으며, 유동구조flow structure(용암이 분출할 때 녹은 상태로 흐르면서 굳을 때 생성되는

정방폭포

정방동조면현무암에 발달된 주상절리

면 구조)가 나타난다. 정방동조면암 하부에는 서귀포층 상부에 해당하는 이 질암이 퇴적되어 있으며, 정방동조면암과 현무암질 응회암 사이에는 크링커 Clinker(분출구로부터 낮은 지역으로 흐르는 용암이 점점 굳게 되는데, 뒤따라 밀려드는 용암에 의해 굳어진 용암이 깨지는 현상)층이 나타나는 것으로 보아 화산분출이 격렬했음을 알 수 있다.

제주도 남쪽인 서귀포 일대는 지하의 불투수층인 응회암층이 제주도의 다른 지역에 비해 높이 위치하기 때문에 상대적으로 지표를 흐르는 하천의 발달이 현저하다. 그리고 바다와 만나는 하구 일대에 단층 작용으로 인해 해안 절벽이 형성되어 폭포가 발달할 수 있었던 것이다.

정방폭포는 폭포수가 뭍에서 바다로 직접 떨어지는 동양 유일의 해안폭포라는 특이성 그리고 단층작용과 불투수성을 지닌 응회암층 지질구조 등의 영향으로 형성된 자연지형으로 천연기념물로 지정, 보호할 필요가 있다.

# 부안 채석강 페퍼라이트

소재지: 전라북도 부안군 변산면 격포리

부안 적벽강

　전라북도 부안군 변산반도 서쪽에 위치한 채석강 부근의 적벽강은 중국의 적벽강처럼 경치가 뛰어나 유래된 곳으로, 격포분지의 퇴적층인 격포리층과 이를 덮고 있는 곰소유문암으로 구성되어 있다.

　격포리층은 중생대 백악기 호소의 선상지 환경에서 퇴적된 것으로, 하부로부터 역암, 백색사암, 회색셰일, 이암으로 구성되어 있는, 반면 곰소유문암은 괴상 또는 유상구조를 보이는 담홍색 암상을 보인다.

　격포리층과 곰소유문암 경계부에는 약 1m 두께의 페퍼라이트peperite가 산출된다. 페퍼라이트는 성질이 다른 두 종류의 암석이 상호작용하여 형성

적벽강의 해식단애와 해안식생(출처: 국가유산청)

적벽강 페퍼라이트

된 독특한 암석으로 지질학적 가치가 크다. 페퍼라이트는 수분을 함유한 미고화된 격포리층 퇴적물에 뜨거운 곰소유문암질 마그마가 피복되거나 관입할 때 퇴적물 속의 수분이 고온으로 급격히 끓어오르면서 수증기 폭발이 일어나 퇴적물과 유문암질 용암의 불규칙한 조각들이 혼합되어 형성된 암석으로 추정하고 있다.

페퍼라이트 내의 유문암편들은 퍼즐조각처럼 외형을 유지한 채로 분리되어 있어 마치 각력암처럼 보이는 것이 특징이며, 이는 마그마의 급격한 냉각에 의한 것이다. 부안 적벽강에 분포하는 페퍼라이트는 중생대 이곳이 호수였을 당시 강력한 화산 활동이 있었음을 지시하는 암석으로 학술적 가치가 크다.

# 서산 황금산 코끼리바위

소재지: 충청남도 서산시 대산읍 독곶리

서산 황금산 코끼리바위

  충청남도 서산시 대산읍 독곶리에 위치한 황금산 코끼리바위는 선캄브리아대 서산층군의 이북리층으로 구성되어 있으며, 이북리층은 편암과 규암이 주를 이룬다. 코끼리바위가 위치한 황금산은 서산 9경 중 제7경으로 야생화와 몽돌해안을 비롯한 다양한 해안 침식지형이 발달한 곳이다.

  황금산 코끼리바위는 파랑의 침식작용을 받아 형성된 시아치이며, 주변에는 육지로부터 분리된 작은 바위섬인 시스택과 해식절벽, 해식동굴 그리고 이북리층의 규암으로 구성된 몽돌해안이 발달해 있다.

서산 황금산 코끼바위에 격자형으로 발달한 층리와 절리

암석해안은 파랑의 침식작용을 받으면 절리와 단층면과 같은 약한 부분을 따라 차별침식이 진행되어 해식동굴, 시아치, 시스택과 같은 다양한 침식지형이 형성된다. 황금산 코끼리바위는 규암에 발달된 절리와 층리면이 서로 교차하면서 침식에 약한 부분을 따라 활발한 침식이 일어나 생성된 시아치다. 풍광이 수려할 뿐만 아니라 암석해안의 변화과정을 살펴볼 수 있는 황금산 코끼리바위는 학술적 가치 커 천연기념물로 지정, 보호해야 한다.

# 고흥 구암리 활개바위

**소재지:** 전라남도 고흥군 도화면 구암리

고흥 구개리 활개바위(사진: 이승희)

　전라남도 고흥군 도화면 구암리 단장마을 동쪽 해식절벽에는 독립문 모양
의 활개바위가 있다. 활개바위는 밀물 때는 물에 잠기어 썰물 때만 접근이 가
능하다. 마치 석문처럼 바위 가운데가 뻥 뚫려 있는 높이 약 15m, 폭 약 3m
의 기묘한 형태의 활개바위는 경상누층군의 유천층에 대비되는 약 8400만
년 전에 형성된 유문암질 팔영산응회암으로 이루어져 있다.

　활개바위는 바다쪽으로 돌출된 헤드랜드(곶)에 발달한 절리와 단층면을
따라 파랑의 차별침식이 집중되고 중력붕괴의 영향으로 생성된 시아치다.

활개바위를 구성하는 필영산응회암의 내부에는 주상절리가 발달했는데, 이 곳 주상절리는 해수면과 비스듬하게 경사져 있다. 단면의 형태는 사각형이 우세하다. 파도의 지속적인 영향으로 필영산응회암 내부에 발달한 주상절리를 따라 침식이 진행되고 중력에 의해서 주상절리가 붕괴되면서 현재의 활개바위가 생성된 것이다.

현재 활개바위의 시아치 부분에도 남북방향으로 절리가 발달해 있어, 앞으로 시간이 지나면 아치 부분이 추가로 붕괴될 위험성이 있으며, 붕괴 이후 육지와 분리된 시스택으로 남게 될 것으로 예상된다.

# 울산 강동 화암 주상절리

소재지: 울산광역시 북구 산하동

울산 강동 화암 주상절리(출처: 한국관광공사)

울산광역시 북구 산하동 강동해변 정자해수욕장의 북쪽 끝자락에는 주상절리의 일반적인 형태인 수직 방향이 아닌, 수평·수직·경사 방향 등이 우세한 주상절리가 집중, 발달하여 주목받고 있다. 이곳 지형을 강동 화암 주상절리라고 부르는데, 경주 양남에 발달한 주상절리와 동일한 신생대 제3기에 분출한 현무암으로 이루어져 있다.

강동 화암 주상절리 가운데 가장 큰 주상절리는 가로길이 약 25m, 세로길이 약 15m 규모이다. 주상절리의 단면 모양은 4~7각형까지 다양한 형태를 보이며, 이 중 6각형의 형태가 가장 우세하다. 주상절리의 단면 직경은 10~70cm까지 다양하고, 평균 30~50cm에 이른다. 지표면과 경사진 주상절리의 단면은 30~60cm로 수직 주상절리보다 더 큰 직경을 갖고 있다.

주상절리의 직경은 냉각률에 의해 많은 영향을 받는 것으로 알려져 있다. 즉 크고 넓은 직경의 주상절리는 느린 냉각에 의해 형성되고, 작고 좁은 직경의 주상절리는 상대적으로 빠른 냉각에 의해 형성되는 것으로 알려져 있다.

주상절리의 발달 방향은 일반적으로 냉각 방향을 지시하는 것으로 알려져 있는데, 지표면과 평행하거나 비스듬한 주상절리 발달은 일반적으로 용암연못과 같은 낮은 저지대에서 중심점을 향해 냉각·수축될 때, 또는 횡적으로 호수나 바닷물의 유입 등에 의해 냉각·수축될 때 형성되는 것으로 해석된다.

# 진안 마이산 타포니

소재지: 전라북도 진안군 마령면 동촌리

진안 마이산 원경. 마이산은 암·수 마이봉이 쌍으로 마주보고 있는 특이한 산이다. 국내 최대 역암산지로서 풍화혈이 대규모로 발달한 특이성으로 2019년 국가지질공원으로 지정되었다.

마이산은 숫마이봉(681.1m)과 암마이봉(687.4m) 두 개의 봉우리가 멀리서 보면 말의 귀처럼 보인다고 하여 이름 붙여진 산이다. 그리고 마치 부부처럼 서 있는 모습이 음양오행 사상으로 풀이되기도 하며, 신라시대부터 나라에 제향을 올리는 명산이기도 하다. 현재는 국가 명승 제12호와 전라북도 도립공원, 무주·진안 국가지질공원으로 지정되어 있다.

마이산의 암질은 중생대 백악기 약 1억 년 전 이곳 일대가 호수환경이었을 때 대규모 홍수에 이끌려 온 크고 작은 암설들이 급격히 퇴적되어 분급과 원

암마이봉의 풍화혈. 암마이봉 남쪽 사면에는 국내에서 가장 규모가 큰 거대한 풍화혈이 집단으로 발달하여 특이한 경관을 띠고 있다.

마이산 암봉의 역암. 마이산의 암릉 전체는 자갈과 모래 그리고 진흙이 함께 쌓여 굳은 역암으로 이루어져 있다.

마도가 불량한 자갈로 이루어진 역암이 주를 이룬다.

　암마이봉과 숫마이봉 사이에 위치한 은수사에서 탑사 쪽으로 내려가면서 암마이봉 남쪽 사면을 바라보면, 커다란 구멍이 숭숭 뚫려 마치 암벽에 생긴 동굴 같은 다수의 풍화혈(타포니)을 볼 수 있다.

　마이산 풍화혈은 그 규모가 세계적으로 크고 드문 현상이다. 풍화혈의 생성에는 역암을 구성하는 자갈과 진흙과 모래 성분 간의 비열차가 가장 큰 영

마이산의 탑사의 명물, 돌탑. 암마이봉에서 떨어져 나온 암석과 자갈을 쌓아 만든 돌탑들은 마이산의 명물로 널리 알려져 있다.

향을 미쳤다. 낮동안 역암이 태양열을 받으면 자갈이 진흙과 모래보다 더 빨리 뜨거워지고 밤에는 더 빨리 식는 과정을 거치면서 자갈의 부피가 팽창과 수축을 수없이 반복하면서 주변에 압력을 가함에 따라 점차 자갈이 빠져나와 생겨난 것이다.

탑사에 들어서면 암마이봉에서 떨어져 나온 크고 작은 자갈들로 쌓아 만든 돌탑들이 눈에 들어온다. 돌탑들은 이곳에 머물던 선사 한 분이 꾸준히 쌓아 올린 것으로, 눈, 비, 바람에도 무너지지 않는다고 하니 놀라지 않을 수 없다. 비가 많이 내리는 날에는 암마이봉을 타고 빗물이 폭포처럼 쏟아지는 모습 또한 장관이다.

# 고성 능파대 곰보바위

소재지: 강원특별자치도 고성군 죽왕면

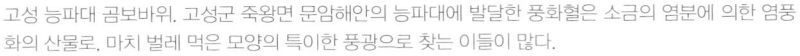
고성 능파대 곰보바위. 고성군 죽왕면 문암해안의 능파대에 발달한 풍화혈은 소금의 염분에 의한 염풍화의 산물로, 마치 벌레 먹은 모양의 특이한 풍광으로 찾는 이들이 많다.

강원도 고성군 죽왕면 문암리 문암해변 앞바다에 위치한 능파대凌波臺는 원래 작은 암초(섬)였으나, 파랑과 연안류에 의해 문암천에서 공급된 모래가 쌓여 지금은 육지와 연결되어 육계도가 되었다. 이후 연결된 육계사주상에 취락이 들어서 육계도의 원형은 거의 찾아볼 수가 없다.

능파대는 '파도를 능가하는 돌섬'이란 뜻으로, 파도가 휘몰아쳐 바위를 때리는 광경을 빗대어 붙여진 이름이다. 능파대를 가까이서 관찰하면 골다공증 걸린 뼈와 같기도 하고 커다란 벌집과도 같아 보이는 구멍인 풍화혈(타포

고성 능파대 곰보바위

니)이 다수 발견된다. 이곳에서는 이 바위를 가리켜 곰보바위라고 하는데, 이색적인 풍광으로 찾는 이들이 많다.

능파대 풍화혈의 주 원인은 소금의 염분에 의한 염풍화다. 오랜 기간 바다의 염분이 암반에 발달한 틈(절리)을 따라 스며 들어간 다음 바닷물이 햇빛을 받아 순수한 물이 증발되면 바닷물 속에 녹아 있던 염분의 결정들이 점점 커지면서 암질조각에 압력을 주어 서서히 부스러뜨리고 틈을 벌려 구멍이 생성되는 것이다.

풍화혈은 석회암이나 사암 등 다양한 암석에서 발달하기도 하지만 구성광물의 입자 크기가 큰 화강함과 같은 암석에서 잘 만들어진다. 능파대 일대의 기반암은 큰 결정(반정)을 이루는 중생대에 생성된 흑운모화강암이다.

따라서 풍화에 의한 화강암 결정의 제거와 함께 화강암의 틈을 따라 소금기가 들어가 암석이 부스러지고 무너져 내리는 현상이 비교적 쉽게 일어날 수 있었다.

# 옹진 대이작도 최고령 암석

소재지: 인천광역시 옹진군 자월면 이작리

대이작도 작은풀안 해안의 최고령암. 대이작도 작은풀안 해안에서는 남한에서 가장 오래된 암석이 발견되고 있다. 지하 깊은 곳에서 열과 압력을 받아 변성된 혼성암으로 칡소무늬를 띠고 있어 칡소바위라 부르기도 한다.

인천광역시 옹진군 자월면 대이작도 작은풀안 해안가에서는 남한에서 가장 오래된 약 25억 년 전에 생성된 암석이 발견되어 주목받고 있다. 깊은 땅속에서 높은 열과 압력을 받아 변성된 암석으로, 열에 약한 광물로 구성된 암석은 녹는 반면, 열에 강한 광물로 구성된 암석은 녹지 않은 채 변성되어 만들어진 혼성암(미그마타이트)이 바로 그것이다.

혼성암은 고도의 변성작용을 받아서 적황색 암반에 검은 줄무늬가 선명하

혼성암은 밝은색의 줄무늬 또는 렌즈 모양의 화강암과 고변성도를 나타내는 고철질 광물이 풍부한 변성암이 섞여서 다양한 형태의 무늬를 보인다.

여 마치 칡소 무늬처럼 보이며, 폭이 들쭉날쭉한 줄무늬로 중간에 윤곽이 흐릿해지거나 끊어진 모습을 띠는 특징이 있다. 부드러운 점토를 서서히 가열하면 흙이 녹지 않고도 단단한 도자기가 되듯이, 땅속 깊숙이 들어간 암석은 높은 온도와 압력을 받아 구성광물과 조직이 변해 변성암이 되고, 높은 변성을 겪은 편마암은 밝은 광물과 어두운 광물이 분리되어 띠 모양을 이룬다.

대이작도의 혼성암은 편마암이 더욱 변성을 받아 암석이 내부에서 녹기 시작해 작은 마그마 맥을 이룬 상태에서 굳은 것으로 변성암과 화성암이 섞여 생성되었다. 심한 변성을 받은 편마암은 밝은 광물과 어두운 광물이 분리되어 띠 모양을 이루게 되는데, 대이작도 혼성암의 경우는 편마암이 더욱 변성되어 암석의 일부가 내부에서 녹아 소규모의 마그마 맥을 이뤘다가 다시 굳어서 이루어졌다. 그리고 칡소 무늬가 나타나는 것은 고온에서 시럽처럼 걸쭉하게 변한 암석의 성분이 분리되어 늘어나거나 끊기는 변형이 일어났음을 말해 준다.

# 연천 재인폭포

소재지: 경기도 연천군 연천읍 고문리 산21

연천 재인폭포. 재인폭포는 지장천에서는 대표적인 주상절리를 비롯하여 하식동굴과 포트홀, 가스튜브 등 다양한 현무암의 특징들을 관찰할 수 있다.

경기도 연천군 고문리에 있는 재인폭포는 한탄강에서 가장 아름답고 멋진 경관을 지닌 곳으로 오래전부터 명승지로서 널리 알려져 왔다. 재인폭포는 북쪽에 있는 지장산 지장봉(876m)에서 흘러 내려온 작은 하천수가 높이 약 18m에 달하는 현무암 주상절리 절벽 아래로 떨어져 멋진 풍광을 연출한다.

재인폭포에서는 크게 3개의 현무암층이 나타나는데, 강원도 평강군 680m 고지와 오리산(454m)에서 크게 50만 년 전에서 12만 년 전까지 크게 3차례에 걸쳐 분출한 것으로 보인다. 분출한 용암은 구 한탄강 물길을 따라

연천 재인폭포

재인폭포 주변 주상절리

흘러가면서 냉각·고화되었으며, 이후 그 현무암 위로 지장봉 계곡을 따라 흐르던 계곡물이 오랜 세월 흐르면서 암석을 침식시켜 지금의 재인폭포를 만들었다.

주목할 점은 고화된 현무암 위로 본류인 한탄강이 빠르게 하방침식하여 물길을 만든 이후, 한탄강으로 흘러드는 지류인 지장봉 계곡을 흐르던 물이 점차 상류를 향해 두부침식을 하면서 전진하는 과정에서 지금의 재인폭포가 생성되었다는 점이다. 현재도 상류를 향해 두부침식이 계속 진행되고 있어 미래에는 한탄강 본류와 더 멀어지면서 폭포는 점점 뒤로 후퇴하게 될 것이다.

# 제주 비양도 화산탄산지

소재지: 제주특별자치도 제주시 한림읍 한림해안로 146

제주특별자치도 비양도 최대 화산탄. 비양도 해안에서는 화산폭발 시 분출된 용암덩어리가 공중에서 냉각되면서 떨어져 만들어진 화산탄이 다수 발견되는데, 국내 최대 규모의 화산탄을 비양도에서 만날 수 있다.

    제주도 한림읍 한림해수욕장 앞바다에 있는 비양도飛揚島는 '하늘에서 날아온 섬'이라는 의미를 담고 있다. 섬 중앙 비양봉 일대에 2개의 분석구가 있고, 섬의 북서쪽 해안에는 오래전에 사라진 분석구의 일부가 남아 있다.

    비양도의 해안은 대부분 용암으로 구성되어 있으며, 대형 화산탄과 '애기 업은 돌'로 유명한 호니토가 있다. 특히 화산탄은 10톤 규모의 초거대 규모로 직경 약 5m에 달하며, 현재까지 제주에서 발견된 화산탄 중에 가장 크다.

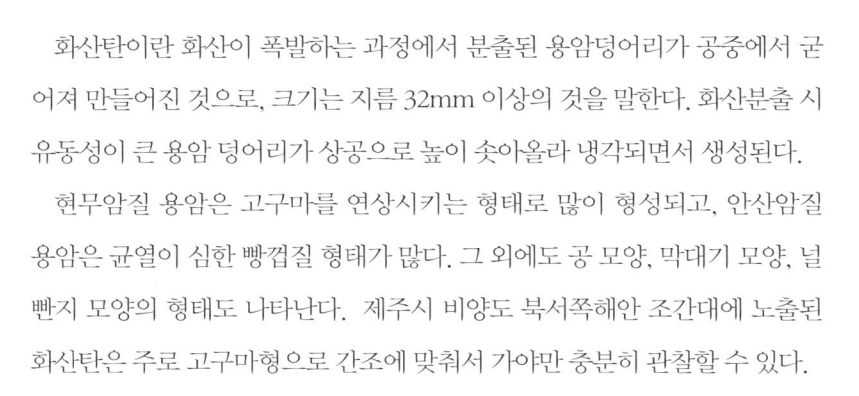

제주 비양도 화산탄

　화산탄이란 화산이 폭발하는 과정에서 분출된 용암덩어리가 공중에서 굳어져 만들어진 것으로, 크기는 지름 32mm 이상의 것을 말한다. 화산분출 시 유동성이 큰 용암 덩어리가 상공으로 높이 솟아올라 냉각되면서 생성된다.

　현무암질 용암은 고구마를 연상시키는 형태로 많이 형성되고, 안산암질 용암은 균열이 심한 빵껍질 형태가 많다. 그 외에도 공 모양, 막대기 모양, 널빤지 모양의 형태도 나타난다. 제주시 비양도 북서쪽해안 조간대에 노출된 화산탄은 주로 고구마형으로 간조에 맞춰서 가야만 충분히 관찰할 수 있다.

# 옹진 덕적도 능동자갈마당과 낙타바위

소재지: 인천광역시 옹진군 덕적면 북리

능동자갈마당과 낙타바위

  인천광역시 옹진군 덕적면 덕적도 북서쪽 해안에는 다양한 크기의 자갈이 해변을 가득 채우고 있는 능동자갈마당이 있다. 능동자갈마당의 자갈은 원마도가 비교적 좋은 역들로, 콘크리트를 보는 듯한 자갈역, 모래로 구성되어 간혹 경사진 사층리와 층리를 간직한 사암역, 비교적 어두운 색의 점토로 구성된 이암역 등이 차지하고 있다.

  능동자갈마당의 자갈들은 자갈마당의 남단과 북단 해안절벽에 노출된 중생대 쥐라기 덕적층에서 떨어져 나온 암석 등이 파랑에 구르면서 둥글게 침

다양한 크기의 역암역, 사암역, 이암역으로 구성된 능동자갈마당

덕적도 능동자갈마당

식되어 해안으로 밀려와 쌓인 것이다.

덕적층은 중생대 쥐라기 호수환경에서 생성된 퇴적암층으로 지각변동에 의한 습곡과 단층의 영향을 받아 지층이 거의 수직으로 선 경우도 있는데, 능동자갈마당 해안 북쪽 낙타가 막 일어나려는 모습처럼 보이는 낙타바위에서 그 사실을 찾아볼 수 있다.

낙타바위는 시스택으로서 머리 부분은 역암으로, 푹 들어간 목 부분은 이암으로, 몸통은 주로 사암으로 구성되어 있다. 이는 암석의 차별침식 결과라 할 수 있다. 그리고 이암층에는 염풍화작용을 받아 생긴 크고 작은 풍화혈이 벌집처럼 보이는 타포니 구조가 나타난다.

# 부안 채석강 퇴적동시성 습곡

소재지: 전라북도 부안군 변산면 격포리

부안 채석강

전라북도 부안군 변산반도 서쪽 끝 격포항 부근에 위치한 채석강은 해안 닭기봉의 해식절벽에 마치 수 만 권의 책을 쌓아 놓은 퇴적층의 모습이 중국의 명승지 채석강과 같아 이름 붙여졌다고 한다.

이 퇴적층은 격포층이라고 하는데, 중생대 백악기 당시 이곳 일대가 호수 환경이었을 때, 주변에서 유입된 하천에 의해 퇴적된 것으로 추정된다. 격포층은 역암, 사암, 이암, 셰일 등의 상향 세립화를 보이며 저탁류, 슬럼프, 쇄설류 등의 형태로 퇴적된 것으로 해석하고 있다.

채석강에서 발견되는
퇴적동시성(층간) 습곡

채석강에 노출된 지층을 자세히 살펴보면, 어느 특정한 중간 지층에서 소
규모 습곡이 발달한 것을 볼 수 있다. 즉 하부에 먼저 퇴적되어 형성된 지층
이나 나중에 퇴적되어 형성된 지층에는 습곡이 없는데, 특정한 지층에서 습
곡이 발달한 것은 어떻게 설명할 수 있을까?

이는 호수환경에 퇴적된 지층이 아직 고화되지 않은 상태였을 당시 지진
등의 원인으로 물렁물렁하고 경사진 지층이 미끄러져 내려오면서 소규모로
휘어진 것으로, 퇴적동시성습곡 또는 층간습곡convolute fold라고 한다. 이를
확인할 수 있는 대표적인 곳이 부안 채석강의 격포층이다.

# 옹진 대청도 옥죽동 해안사구

소재지: 인천광역시 옹진군 대청면 대청리

대청도 옥죽동 사구. 대청도 옥죽동 사구는 국내 사구 가운데 가장 큰 규모를 자랑한다. 그러나 인근 주민들의 모래로 인한 생활의 불편함을 해소하기 위해 방사림을 조성하면서부터 사구의 크기가 절반으로 줄어들었다.

　인천광역시 옹진군 대청도 북부에 발달한 옥죽동 사구는 해안에서 해발 40m 부근까지 걸쳐 있는데, 길이 1.6km, 폭 600m로 축구장의 약 70배 크기에 이를 만큼 광대하여 현지 주민들은 대청도 모래사막이라고 부른다.

　옥죽동 사구는 옥죽포와 농여해안의 모래가 바람에 날려 쌓인 해안사구로 우리나라에서 가장 큰 규모를 자랑한다. 그러나 "모래 서 말은 먹어야 시집을 간다"고 하는 이야기가 생길 만큼 인근 주민들은 모래로 인해 생활의 불편함이 많았다. 이를 해결하기 위해 1990년대 초반부터 사구에 방사림 소나무를 식재하면서부터 모래 유입이 감소함에 따라 사구의 모래가 급격히 줄어들어 지금은 규모가 절반으로 줄어든 상태다.

그러나 최근 인천광역시와 옹진군에서는 옥죽동 사구의 옛 모습을 찾기 위한 노력을 하고 있으며, 국가유산청에서는 천연기념물 지정을 위한 현지 주민의 의견을 청취하는 등 옥죽동 사구의 복원과 보전을 위한 노력을 하고 있다.

옥죽동 사구는 계절에 따라 모래의 이동이 달라지는 활동성 사구다. 약 0.22mm의 세립 모래로 구성되어 있으며, 퇴적된 약 2m 깊이의 모래를 연대 측정한 결과, 퇴적연대는 수십 년에 불과한 것으로 알려졌다. 표면에는 바람에 의한 모래 연흔이 관찰되고, 침식에 의해 드러난 단면에서는 사층리가 발달되어 있다.

옥죽동 사구에서는 조류 90종, 포유류 6종, 곤충 74종 등 총 174종의 야생 동물이 서식하거나 도래하고 있음이 확인되었으며, 사구 고유의 초본식물들이 넓은 군락을 형성하고 있었다. 특히 한국과 중국을 오가는 흰날개해오라기, 왕새매, 붉은배새매 등 희귀한 철새들의 중간기착지로 이용되고, 멸종위기 I급인 노랑부리백로를 비롯하여 다수의 조류가 관찰되고 있다. 또한 멸종위기 II급 곤충인 애기뿔소똥구리도 서식하는 것으로 확인되는 등 종 다양성이 높은 곳으로 평가되고 있어 천연기념물로 지정되어 보전되어야 할 것이다.

옥죽동 사구와 소나무 방사림

옥죽동사구의 사구식물

# [부록] 천연기념물 제도란?

## 1. 정의

천연기념물은 역사적·경관적 또는 학술적 가치가 커 보존가치가 높은 동물, 식물, 지형지질, 광물, 특별한 자연 현상 등의 자연유산 관련 문화재를 법률로 규제함으로써 항구적으로 관리·보존하고자 하는 문화재 지정 제도의 하나이다.

## 2. 제정

'천연기념물(天然記念物·Naturdenkmal)'이란 용어가 처음 제기된 것은 1800년 독일의 W. V. 훔볼트의 저서 『신대륙의 열대지방기행』에서이다. 당시에는 크게 주목받지 못했으나, 19세기 후반 산업혁명 이후 산업화·근대화로 인한 자연 파괴의 심화로 이에 대한 우려가 커지면서 영국, 미국, 프랑스, 독일 등 당시 선진국들을 중심으로 오늘날의 법률적 개념의 천연기념물이 지정되기 시작했으며, 자연유산의 의미로 정착하게 되었다.

우리나라의 천연기념물 제도는 일제강점기 1933년 조선총독부에 의해 「조선보물·고적·명승·천연기념물 보호령」이 제정·공포되면서 시행되었다. 이후 1962년 「문화재보호법」이 제정되어 법적인 기본 틀을 갖추었으며 여러 차례 개정을 거쳐 현재에 이르렀다.

## 3. 유형과 지정기준

천연기념물은 크게 동물, 식물, 지형지질, 천연보호구역, 자연현상 등과 같이 5가지 유형으로 구분된다. 천연기념물은 다른 일반적 동물과 식물, 지형지질 등과는 달리 희귀성, 고유성, 특수성, 역사성 및 분포성을 지닌 자연유산이어야만 하고, 학술적·경관적 가치가 커야만 한다. 지정기준은 문화재보호법 제25조(사적, 명승, 천연기념물의 지정) 및 동법 시행령 제11조(국가지정문화재의 지정기준 및 절차)에 의해 이루어지며, 구체적 내용은 〈표 1〉과 같다.

〈표 1〉 천연기념물 지정기준

| 유형 | 세부 기준 |
|---|---|
| 동물 | 가. 한국 특유의 동물로서 저명한 것 및 그 서식지·번식지<br>나. 석회암지대·사구·동굴·건조지·습지·하천·폭포·온천·하구(河口)·섬 등 특수한 환경에서 생장(生長)하는 특유한 동물 또는 동물군 및 그 서식지·번식지 또는 도래지<br>다. 생활·민속·의식주·신앙 등 문화와 관련되어 보존이 필요한 진귀한 동물 및 그 서식지·번식지<br>라. 한국 특유의 축양동물(畜養動物)과 그 산지<br>마. 한국 특유의 과학적·학술적 가치가 있는 동물자원·표본 및 자료<br>바. 분포 범위가 한정되어 있는 고유의 동물이나 동물군 및 그 서식지·번식지 등 |
| 식물 | 가. 한국 자생식물로서 저명한 것 및 그 서식지<br>나. 석회암지대·사구·동굴·건조지·습지·하천·호수·늪 등 특수지역(환경)에서 자라는 식물(군·군락) 또는 숲<br>다. 문화·민속·관상·과학 등과 관련된 진귀한 식물로서 그 보존이 필요한 것 및 그 생육지·자생지<br>라. 생활문화 등과 관련되어 가치가 큰 인공 수림지<br>마. 문화·과학·경관·학술적 가치가 큰 수림, 명목(名木), 노거수(老巨樹), 기형목(畸型木)<br>바. 대표적 원시림·고산식물지대 또는 진귀한 식물상<br>사. 식물 분포의 경계가 되는 곳<br>아. 생활·민속·의식주·신앙 등에 관련된 유용식물 또는 생육지<br>자. 「세계문화유산 및 자연유산의 보호에 관한 협약」 제2조에 따른 자연유산에 해당하는 곳 |
| 지형<br>지질 | 가. 지각 형성과 관련되거나 한반도 지질계통을 대표하는 암석과 지질구조의 주요 분포지와 지질 경계선<br>　1) 지판(地板) 이동의 증거가 되는 지질구조나 암석<br>　2) 지구 내부의 구성 물질로 해석되는 암석이 산출되는 분포지<br>　3) 각 지질시대를 대표하는 전형적인 노두(지표에 드러난 부분)와 그 분포지<br>　4) 한반도 지질계통의 전형적인 지질 경계선<br>나. 지질시대와 생물의 역사 해석에 관련된 주요 화석과 그 산지<br>　1) 각 지질시대를 대표하는 표준화석과 그 산지<br>　2) 지질시대의 퇴적 환경을 해석하는 데 주요한 시상화석과 그 산지<br>　3) 새로운 종(種)이나 속(屬)으로 보고된 화석 중 보존 가치가 있는 화석의 모식표본과 그 산지<br>　4) 다양한 화석이 산출되는 화석 산지 또는 그 밖에 학술적 가치가 높은 화석과 그 산지<br>다. 한반도 지질 현상을 해석하는 데 주요한 지질구조·퇴적구조와 암석<br>　1) 지질구조: 습곡, 단층, 관입, 부정합, 주상절리 등<br>　2) 퇴적구조: 연흔(물결 자국), 건열, 사층리, 우흔(빗방울 자국) 등<br>　3) 그 밖에 특이한 구조의 암석: 베개 용암, 어란암, 구상 구조나 구과상 구조를 갖는 암석 등<br>라. 학술적 가치가 큰 자연지형<br>　1) 구조운동에 의해 형성된 지형: 고위평탄면, 해안단구, 하안단구, 폭포 등<br>　2) 화산 활동에 의해 형성된 지형: 단성화산체, 분화구, 칼데라, 기생화산, 화산동굴 등<br>　3) 침식 및 퇴적 작용에 의하여 형성된 지형: 사구, 해빈, 갯벌, 육계도, 사행천, 석호, 카르스트 지형, 석회동굴, 돌개구멍, 침식분지, 협곡, 해식애, 선상지, 삼각주, 사주 등<br>　4) 풍화작용과 관련된 지형: 토르, 타포니, 암괴류 등<br>　5) 그 밖에 한국의 지형 현상을 대표할 수 있는 전형적 지형 |

| | 마. 그 밖에 학술적 가치가 높은 지표·지질 현상 |
| :--- | :--- |
| |    1) 얼음골, 풍혈    2) 샘: 온천, 냉천, 광천    3) 특이한 해양 현상 등 |
| 천연<br>보호<br>구역 | 가. 보호할 만한 천연기념물이 풍부하거나 다양한 생물적·지구과학적·문화적·역사적·경관<br>   적 특성을 가진 대표적인 일정한 구역<br>나. 지구의 주요한 진화단계를 대표하는 일정한 구역<br>다. 중요한 지질학적 과정, 생물학적 진화 및 인간과 자연의 상호작용을 대표하는 일정한 구역 |
| 자연<br>현상 | 관상적·과학적 또는 교육적 가치가 현저한 것 |

## 4. 지정절차

천연기념물 지정은 「문화재보호법」(시행규칙 제2조)에 따라 진행된다. 먼저 신청하려는 주체(개인, 단체, 전문가, 지방자치단체, 국가)가 해당 문화재에 대한 지정조사를 요청해야 한다. 지정요청이 접수되면 문화재위원 등 관계전문가 3인 이상이 현지 조사를 마친 후 조사보고서를 작성하여 국가유산청장에게 제출한다. 한편 국가유산청장이 직권으로 대상을 선정하여 지정하는 경우도 있다.

국가유산청장은 조사보고서를 검토하여 해당 문화재가 국가지정문화재로 지정될 만한 가치가 있다고 판단되면 문화재위원회의 심의에 앞서 그 내용을 관보에 30일 이상 예고한다. 이후 국가유산청장은 예고가 끝난 날부터 6개월 안에 문화재위원회의 심의를 거쳐 국가지정문화재 지정여부를 결정한다.

〈표 2〉 천연기념물 지정절차

문화재위원회 소속 전문가 3명 이상의 조사 요청

↓

조사위원의 현장 자료 실사

↓

문화재위원회 종합 실사

↓

문화재위원회 심의 거쳐 지정 여부 결정

국가유산청장은 이해관계자의 이의제기 등 부득이한 사유로 6개월 안에 지정여부를 결정하지 못한 경우, 그 지정여부를 다시 결정할 필요가 있으면 예고 및 지정절차를 다시 거치게 된다. 지정될 경우 국가유산청장은 결과를 관보에 고시하고, 해당 지방자치단체 및 소유자에게 천연기념물 지정을 통보하면 된다.

## 5. 지정현황(2024.02.29. 기준, 천연기념물 센터 통계자료)

### 가. 유형별 현황

| 유형 | 건 | % |
|---|---|---|
| 동물 | 102 | 21.2 |
| 식물 | 274 | 57.0 |
| 지형·지질 | 93 | 19.3 |
| 천연보호구역 | 11 | 2.5 |
| 계 | 480 | 100 |

### 나. 지역별 분포 현황

| 구분 | 천연기념물 | | | | | 비고 |
|---|---|---|---|---|---|---|
| | 동물 | 식물 | 지질 | 천연보호구역 | 계 | |
| 서울 | 0 | 12 | – | – | 12 | |
| 부산 | 1 | 5 | 1 | – | 7 | |
| 대구 | 0 | 1 | 1 | – | 2 | |
| 인천 | 2 | 7 | 5 | – | 14 | |
| 광주 | 0 | 1 | 1 | – | 2 | |
| 대전 | 0 | 1 | 1 | – | 2 | |
| 울산 | 0 | 3 | – | – | 3 | |
| 세종 | 0 | 2 | – | – | 2 | |
| 경기 | 5 | 12 | 5 | – | 22 | |
| 강원 | 5 | 19 | 19 | 3 | 46 | |
| 충북 | 2 | 18 | 3 | – | 23 | |
| 충남 | 3 | 13 | 2 | – | 18 | |
| 전북 | 1 | 28 | 5 | – | 34 | |
| 전남 | 6 | 46 | 8 | 1 | 61 | |
| 경북 | 4 | 57 | 11 | 1 | 73 | |
| 경남 | 3 | 28 | 14 | 1 | 46 | |

| | | | | | | |
|---|---|---|---|---|---|---|
| 제주 | 6 | 21 | 17 | 5 | 49 | |
| 전국 | 64 | – | – | – | 64 | |
| 계 | 102 | 274 | 93 | 11 | 480 | |

## 다. 천연보호구역 지정현황

| 구분 | 강원 | 전남 | 경북 | 경남 | 제주 | 합계 |
|---|---|---|---|---|---|---|
| 건수 | 3 | 1 | 1 | 1 | 5 | 11 |

□ 천연보호구역 세부현황

| 연번 | 지정번호 | 지정명칭 | 소재지 | 지정일자 | 관리단체 | 비고 |
|---|---|---|---|---|---|---|
| 1 | 170 | 홍도 천연보호구역 | 전남 신안군 흑산면 홍도리 1 외 | 1965.04.07. | 신안군 | |
| 2 | 171 | 설악산 천연보호구역 | 강원 속초시인제군, 양양군, 고성군 일부 | 1965.11.05. | 강원도, 신흥사 | |
| 3 | 182 | 한라산 천연보호구역 | 제주 제주도 일원 | 1966.10.12. | 제주도 | |
| 4 | 246 | 대암산·대우산 천연보호구역 | 강원 양구군 동면 일부, 인제군 서화면·북면 일부 | 1973.07.10. | 강원도 | 공개 제한 |
| 5 | 247 | 향로봉·건봉산 천연보호구역 | 강원 인제군 서화면 일부,강원 고성군 수동면 일부, 강원 고성군 간성읍 일부 | 1973.07.13. | 강원도 | 공개 제한 |
| 6 | 336 | 독도 천연보호구역 | 경북 울릉군 울릉읍 독도리 (독도 일원) | 1982.11.20. | 울릉군 | 공개 제한 |
| 7 | 420 | 성산일출봉 천연보호구역 | 제주 서귀포시 성산읍 성산리 1 등 | 2000.07.18. | 서귀포시 | |
| 8 | 421 | 문섬·범섬 천연보호구역 | 제주 서귀포시 서귀동 산4 및 법환동 산1-3 등 | 2000.07.18. | 서귀포시 | 공개 제한 |
| 9 | 422 | 차귀도 천연보호구역 | 제주 제주시 한경면 고산리 산34 등 | 2000.07.18. | 제주시 | |
| 10 | 423 | 마라도 천연보호구역 | 제주 서귀포시 대정읍 가파리 580 등 | 2000.07.18. | 서귀포시 | |
| 11 | 524 | 창녕 우포늪 천연보호구역 | 경남 창녕군 유어면, 이방면, 대합면 일원 | 2011.01.13. | 창녕군 | |

## 라. 지형·지질 지정현황

□ 지질

| 계 | 화석 | 암석·광물 | 지형·지질 | 천연동굴 |
|---|---|---|---|---|
| 93 | 27 | 7 | 37 | 22 |

□ 지형·지질 지역별 지정현황

(2021.09.30. 기준)

| 구분 | 지정건수 | 천연기념물(지질) | | | |
|---|---|---|---|---|---|
| | | 화석 | 암석광물 | 지형지질일반 | 천연동굴 |
| 서울 | | | | | |
| 부산 | 1 | | 1 | | |
| 대구 | 1 | | | 1 | |
| 인천 | 5 | 1 | 1 | 3 | |
| 광주 | 1 | | | 1 | |
| 대전 | 1 | 1 | | | |
| 울산 | | | | | |
| 세종 | | | | | |
| 경기 | 5 | 2 | | 3 | |
| 강원 | 19 | 1 | 1 | 8 | 9 |
| 충북 | 3 | | | | 3 |
| 충남 | 2 | | | 2 | |
| 전북 | 5 | 1 | 1 | 2 | 1 |
| 전남 | 8 | 5 | 1 | 2 | |
| 경북 | 11 | 4 | 2 | 4 | 1 |
| 경남 | 14 | 10 | | 4 | |
| 제주 | 17 | 2 | | 7 | 8 |
| 전국 | | | | | |
| 계 | 93 | 27 | 7 | 37 | 22 |

□ 화석

| 건 | 지정번호 | 지정명칭 | 소재지 | 지정일자 | 관리단체 |
|---|---|---|---|---|---|
| 1 | 146 | 칠곡 금무봉 나무고사리 화석산지 | 경북 칠곡군 왜관읍 낙산리 산28-3 | 1962.12.07. | 칠곡군 |

| 2 | 195 | 제주 서귀포층 패류 화석산지 | 제주 서귀포시 서홍동 707 | 1968.05.29. | 서귀포시 |
|---|---|---|---|---|---|
| 3 | 222 | 함안 용산리 백악기 새발자국 화석산지 | 경남 함안군 칠원면 용산리 산4 | 1970.04.27. | 함안군 |
| 4 | 373 | 의성 제오리 공룡발자국 화석산지 | 경북 의성군 금성면 제오리 산111-3 | 1993.06.01. | 의성군 |
| 5 | 390 | 진주 유수리 백악기 하성퇴적층 | 경남 진주시 내동면 유수리 495 | 1997.12.30. | 진주시 |
| 6 | 394 | 해남 우항리 공룡·익룡· 새발자국 화석산지 | 전남 해남군 황산면 우항리 191 | 1998.10.17. | 해남군 |
| 7 | 395 | 진주 가진리 새발자국과 공룡발자국 화석산지 | 경남 진주시 진성면 가진리 75 | 1998.12.23. | 진주시 |
| 8 | 411 | 고성 덕명리 공룡발자국과 새발자국 화석산지 | 경남 고성군 하이면 덕명리 52-1 | 1999.09.14. | 고성군 |
| 9 | 414 | 화성 고정리 공룡알 화석산지 | 경기 화성시 송산면 고정리 산5 | 2000.03.21. | 화성시 |
| 10 | 416 | 태백 장성 오르도비스기 화석산지 | 강원 태백시 장성동 산42-2 | 2000.04.28 | 태백시 |
| 11 | 418 | 보성 비봉리 공룡알 화석산지 | 전남 보성군 득량면 비봉리 545-1 | 2000.04.28 | 보성군 |
| 12 | 434 | 여수 낭도리 공룡발자국 화석산지 | 전남 여수시 화정면 낭도리 산115-2 등 | 2003.02.04 | 여수시 |
| 13 | 464 | 제주 사람발자국과 동물발자국 화석산지 | 제주 서귀포시 대정읍 상모리 626-2 해안 일대 등 | 2005.09.08 | 서귀포시 |
| 14 | 474 | 사천 아두섬 공룡 화석산지 | 경남 사천시 신수동 산33-2 | 2006.12.05 | 사천시 |
| 15 | 477 | 하동 중평리 장구섬 백악기 화석산지 | 경남 하동군 금남면 중평리 산6 등 | 2007.05.07 | 하동군 |
| 16 | 487 | 화순 서유리 공룡발자국 화석산지 | 전남 화순군 북면 서유리 산147-5 등 | 2007.11.09 | 화순군 |
| 17 | 499 | 남해 가인리 화석산지 | 경남 남해군 창선면 가인리 산60-20, 산230-1 등 | 2008.12.29 | 남해군 |
| 18 | 508 | 옹진 소청도 선캄브리아 스트로마톨라이트 | 인천 옹진군 대청면 소청리 산55-3 등 | 2009.11.10 | 옹진군 |
| 19 | 512 | 경산 대구가톨릭대학교 백악기 스트로마톨라이트 | 경북 경산시 하양읍 금락리 300-1 | 2009.12.11 | 경산시 |
| 20 | 534 | 진주 충무공동 익룡·새· 공룡발자국 화석산지 | 경남 진주시 호탄동 산21 등 | 2011.10.14 | 진주시 |
| 21 | 535 | 신안 압해도 수각류 공룡알둥지 화석 | 전남 목포시 남농로 135 (목포자연사박물관) | 2012.06.27 | 목포시 |

| 22 | 548 | 군산 산북동 공룡발자국과 익룡발자국 화석산지 | 전북 군산시 산북동 1047-17 | 2014.06.11 | 군산시 |
| 23 | 565 | 사천 선전리 백악기 나뭇가지 피복체 산지 | 경남 사천시 선전리 산20 공유수면 지선 | 2021.08.13 | 사천시 |
| 24 | 566 | 진주 정촌면 백악기 익룡·공룡발자국 화석산지 | 경남 진주시 정촌면 예하리 1408-1 등 | 2021.09.29 | 진주시 |
| 25 | 571 | 화성 뿔공룡(코리아케라톱스 화성엔시스) 골격 화석 | 경기 화성시 공룡로 659(공룡알화석산지방문자센터) | 2022.10.07 | 화성시 |
| 26 | 574 | 포항 금광리 신생대 나무화석 | 대전 서구 유등로 927(천연기념물센터) | 2023.01.27 | 국가유산청 |
| 27 | 577 | 포항 금광동층 신생대 화석산지 | 경북 포항시 남구 동해면금광리 산98 등 | 2023.12.28 | 포항시 |

## □암석 광물

| 건 | 지정번호 | 지정명칭 | 소재지 | 지정일자 | 관리단체 |
|---|---|---|---|---|---|
| 1 | 69 | 상주 운평리 구상화강암 | 경북 상주시 낙동면 운평리 산17 외 | 1962.12.07 | 상주시 |
| 2 | 249 | 무주 오산리 구상화강편마암 | 전북 무주군 무주읍 오산리 산166 | 1974.09.10 | 무주군 |
| 3 | 267 | 부산 전포동 구상반려암 | 부산 부산진구 전포1동 산12 | 1980.10.27 | 부산진구 |
| 4 | 393 | 옹진 백령도 진촌리 맨틀포획암 분포지 | 인천 옹진군 백령면 진촌리 154-2 | 1997.12.30 | 옹진군 |
| 5 | 505 | 진도 동거차도 유문암질 단괴 | 전남 진도군 조도면 동거차도 산1-4 등 | 2009.10.09 | 진도군 |
| 6 | 547 | 포항 뇌성산 뇌록산지 | 경북 포항시 남구 장기면 학계리 산7-2 | 2013.12.16 | 포항시 |
| 7 | 556 | 정선 봉양리 쥐라기 역암 | 강원도 정선군 정선읍 봉양리 919 등 | 2019.10.02 | 정선군 |

## □지형 지질

| 건 | 지정번호 | 지정명칭 | 소재지 | 지정일자 | 관리단체 |
|---|---|---|---|---|---|
| 1 | 196 | 의령 서동리 백악기 빗방울자국 | 경남 의령군 의령읍 서리 316 | 1968.05.29 | 의령군 |
| 2 | 224 | 밀양 남명리 얼음골 | 경남 밀양시 산내면 남명리 산95-1 | 1970.04.27 | 밀양시 |

| 3 | 263 | 제주 산굼부리 분화구 | 제주 제주시 조천읍 교래리 | 1979.06.21 | (주)산굼부리, 제주도 |
|---|---|---|---|---|---|
| 4 | 391 | 옹진 백령도 사곶 사빈 | 인천 옹진군 백령면 진촌리 413-2 | 1997.12.30 | 옹진군 |
| 5 | 392 | 옹진 백령도 남포리 콩돌해안 | 인천 옹진군 백령면 남포리 해안 일대 | 1997.12.30 | 옹진군 |
| 6 | 413 | 영월 문곡리 건열구조 및 스트로마톨라이트 | 강원 영월군 북면 문곡리 산3 | 2000.03.16 | 영월군 |
| 7 | 415 | 포항 달전리 주상절리 | 경북 포항시 남구 연일읍 달전리 산19-3 | 2000.04.28 | 포항시 |
| 8 | 417 | 태백 구문소 오르도비스기 지층과 제4기 하식지형 | 강원 태백시 동전동 산10-1 | 2000.04.28 | 태백시 |
| 9 | 431 | 태안 신두리 해안사구 | 충남 태안군 원북면 신두리 해안사구 일대 | 2001.11.30 | 태안군 |
| 10 | 435 | 달성 비슬산 암괴류 | 대구 달성군 유가면 용리 산1 등 | 2003.12.13 | 달성군 |
| 11 | 436 | 한탄강 대교천 현무암 협곡 | 경기 포천시 관인면 냉정리 1101 등, 강원 철원군 동송읍 장흥리 725 등 | 2004.02.23 | 포천시 |
| 12 | 437 | 강릉 정동진 해안단구 | 강원 강릉시 강동면 정동진리 산50-60 등 | 2004.04.09 | 강릉시 |
| 13 | 438 | 제주 우도 홍조단괴 해빈 | 제주 제주시 우도면 연평리 2215-5 등 지선에 인접한 공유수면 | 2004.04.09 | 제주시 |
| 14 | 439 | 제주 비양도 호니토 | 제주 제주시 한림읍 협재리 산127, 산128 등 지선에 인접한 공유수면 | 2004.04.09 | 제주시 |
| 15 | 440 | 정선 백복령 카르스트 지대 | 강원 정선군 임계면 직원리 산1-1 등 | 2004.04.09 | 정선군 |
| 16 | 443 | 제주 중문·대포해안 주상절리대 | 제주 서귀포시 중문동 2663-1 등 | 2005.01.06 | 서귀포시 |
| 17 | 444 | 제주 선흘리 거문오름 | 제주 제주시 조천읍 선흘리 산102-1 등 | 2005.01.06 | 제주시 |
| 18 | 465 | 무등산 주상절리대 | 광주 동구 용연동 산 354-1, 전남 화순군 이서면 영평리 산96 | 2005.12.16 | 광주 동구, 화순군 |

| 19 | 475 | 고성 계승사 백악기 퇴적구조 | 경남 고성군 영현면 대법리 산17-1 | 2006.12.05 | 고성군 |
|----|-----|---------------------------|----------------------------------|-----------|--------|
| 20 | 500 | 목포 갓바위 풍화혈 | 전남 목포시 용해동 86-24 인접해역 | 2009.04.27 | 목포시 |
| 21 | 501 | 군산 말도 습곡구조 | 전북 군산시 옥도면 말도리 산90-1 등 | 2009.06.09 | 군산시 |
| 22 | 507 | 옹진 백령도 남포리 습곡구조 | 인천 옹진군 백령면 남포리 산282-1 등 | 2009.11.10 | 옹진군 |
| 23 | 511 | 태안 내파수도 해안 자갈톱 | 충남 태안군 안면읍 승언리 산3289 등 | 2009.12.11 | 태안군 |
| 24 | 513 | 제주 수월봉 화산쇄설층 | 제주 제주시 한경면 고산리 산3616-1 등 | 2009.12.11 | 제주시 |
| 25 | 525 | 신안 작은대섬 응회암과 화산성구조 | 전남 신안군 비금면 내월리 산278 | 2011.01.13 | 신안군 |
| 26 | 526 | 제주 사계리 용머리 화산쇄설층 | 제주 서귀포시 안덕면 사계리 112-3 | 2011.01.13 | 서귀포시 |
| 27 | 527 | 의성 빙계리 얼음골 | 경남 의성군 춘산면 빙계리 산70 | 2011.01.13 | 의성군 |
| 28 | 528 | 밀양 만어산 암괴류 | 경남 밀양시 삼랑진읍 용전리 산16-1 | 2011.01.13 | 밀양시 |
| 29 | 529 | 양양 오색리 오색약수 | 강원 양양군 서면 오색리 산1-25 | 2011.01.13 | 양양군 |
| 30 | 230 | 홍천 광원리 삼봉약수 | 강원 홍천군 내면 광원리 산197-1 | 2011.01.13 | 홍천군 |
| 31 | 531 | 인제 미산리 개인약수 | 강원 인제군 상남면 미산리 산1 | 2011.01.13 | 인제군 |
| 32 | 535 | 경주 양남 주상절리군 | 경북 경주시 양남면 공유수면 | 2012.09.25 | 경주시 |
| 33 | 537 | 포천 한탄강 현무암 협곡과 비둘기낭폭포 | 경기도 포천시 영북면 대회산리 산42-1 | 2012.09.25 | 포천시 |
| 34 | 542 | 포천 아우라지 베개용암 | 경기 포천시 창수면 신흥리 산 209-1, 연천군 전곡읍 신답리 산98 등 12필지 | 2013.02.12 | 포천시 |
| 35 | 543 | 영월 무릉리 요선암 돌개구멍 | 강원도 영월군 수주면 무릉리 1423 | 2013.04.11 | 영월군 |
| 36 | 575 | 포항 오도리 주상절리 | 경북 포항시 흥해읍 오도리 산91 등 | 2023.08.17 | 포항시 |
| 37 | 576 | 부안 위도 진리 대월습곡 | 전북 부안군 위도면 진리 산271, 공유수면 | 2023.10.12 | 부안군 |

□ 천연동굴

| 건 | 지정번호 | 지정명칭 | 소재지 | 지정일자 | 관리단체 |
|---|---|---|---|---|---|
| 1 | 98 | 제주 김녕굴과 만장굴 | 제주 제주시 구좌읍 동김녕리 산7 등 | 1962.12.07 | 제주시 |
| 2 | 155 | 울진 성류굴 | 경북 울진군 근남면 구산리 산30 등 | 1963.05.10 | 울진군 |
| 3 | 177 | 익산 천호동굴 | 전북 익산시 여산면 대성리 산21 등 | 1966.03.02 | 익산시 |
| 4 | 178 | 삼척 대이리 동굴지대 | 강원 삼척시 신기면 대이리 산25 등 | 1966.06.17 | 삼척시 |
| 5 | 219 | 영월 고씨굴 | 강원 영월군 하동면 진별리 산262 등 | 1969.06.04 | 영월군 |
| 6 | 226 | 삼척 초당굴 | 강원 삼척시 근덕면 금계리 산380 등 | 1970.09.17. | 삼척시 |
| 7 | 236 | 제주 한림 용암동굴지대 (소천굴, 황금굴, 협재굴) | 제주 제주시 한림읍 협재리 617 등 | 1971.10.04. | (주)한림, 제주도 |
| 8 | 256 | 단양 고수동굴 | 충북 단양군 단양읍 고수리 산4-2 등 | 1976.09.24 | (주)유신, 단양군 |
| 9 | 260 | 평창 백룡동굴 | 강원 평창군 미탄면 마하리 산1 등 | 1979.02.14 | 평창군 |
| 10 | 261 | 단양 온달동굴 | 충북 단양군 영춘면 하리 산62 등 | 1979.06.21 | 단양군 |
| 11 | 262 | 단양 노동동굴 | 충북 단양군 단양읍 노동리 산1 등 | 1979.06.21 | 단양군 |
| 12 | 342 | 제주 어음리 빌레못동굴 | 제주 제주시 애월읍 어음리 707 등 | 1984.08.14 | 제주시 |
| 13 | 384 | 제주 당처물동굴 | 제주 제주시 구좌읍 월정리 1457 등 | 1996.12.30 | 제주시 |
| 14 | 466 | 제주 용천동굴 | 제주 제주시 구좌읍 월정리 1837-2 등 | 2006.02.07 | 제주시 |
| 15 | 467 | 제주 수산동굴 | 제주 서귀포시 성산읍 수산리 3998 등 | 2006.02.07 | 서귀포시 |
| 16 | 490 | 제주 선흘리 벵뒤굴 | 제주 제주시 조천읍 선흘리 365 등 | 2008.01.15 | 제주시 |
| 17 | 509 | 정선 산호동굴 | 강원 정선군 여량면 여량리 산1 등 | 2009.12.15 | 정선군 |
| 18 | 510 | 평창 섭동굴 | 강원 평창군 평창읍 주진리 산120 등 | 2009.12.15 | 평창군 |

| 19 | 549 | 정선 용소동굴 | 강원 정선군 화암면 백전리 산546 등 | 2015.01.16 | 정선군 |
|---|---|---|---|---|---|
| 20 | 552 | 거문오름 용암동굴계 상류동굴군(웃산전굴, 북오름굴, 대림굴) | 제주 제주시 구좌읍 덕천리 910 등 | 2017.01.04 | 제주시 |
| 21 | 557 | 정선 화암동굴 | 강원 정선군 화암면 화암리 248 등 | 2019.11.01 | 정선군 |
| 22 | 578 | 영월 분덕재동굴 | 강원 영월군 영월읍 영흥리 산109 등 | 2024.02.19 | 영월군 |

# 천연기념물로 보는 한국의 지형·지질

초판 1쇄 발행  2025년 2월 17일

지은이    김기룡·이우평
펴낸이    김선기
편집      이선주
디자인     조정이
펴낸곳     (주)푸른길
출판등록   1996년 4월 12일 제16-1292호
주소      (08377) 서울시 구로구 디지털로 33길 48 대륭포스트타워 7차 1008호
전화      02-523-2907, 6942-9570~2
팩스      02-523-2951
이메일     purungilbook@naver.com
홈페이지    www.purungil.com
ISBN     979-11-7267-037-5   03980